景观设计师手册 1

丛书主编：李克俊
本书主编：于艳华　崔建明

HANDBOOK OF THE LANDSCAPE ARCHITECT

中国林业出版社

图书在版编目（C I P）数据

景观设计师手册 . 1 / 李克俊，于艳华主编 . -- 北京 : 中国林业出版社，2014.6（2020.5重印）

ISBN 978-7-5038-7479-6

Ⅰ . ①景… Ⅱ . ①李… ②于… Ⅲ . ①景观设计 - 手册 Ⅳ . ① TU986.2-62

中国版本图书馆 CIP 数据核字 (2014) 第 090738 号

中国林业出版社・建筑家居分社
策划、责任编辑：李 顺 段植林
出版咨询：（010）83143569

出 版：中国林业出版社（100009 北京西城区德内大街刘海胡同 7 号）
网 站：http://www.forestry.gov.cn/lycb.html
印 刷：固安县京平诚乾印刷有限公司
发 行：中国林业出版社
电 话：（010）83143500
版 次：2014 年 9 月第 1 版
印 次：2020 年 5 月第 2 次
开 本：889mm × 1194mm 1 ∕ 16
印 张：12.75
字 数：300 千字
定 价：108 .00 元

本书编委会

丛书主编： 李克俊

主　　编： 于艳华 崔建明
副 主 编： 邹　力 张鸿伟

编写人员（按姓氏拼音排序）

崔建明 陈英夫 杜海娟 胡可分 李克俊 刘玢颖 刘鑫磊 罗露萍 尚书静 苏泽宇
孙一琳 王冬冬 王福亮 王广鹏 王丽娜 王　雪 武学军 肖　阳 员　婧 于艳华
闫　静 袁铭澳 赵　娜 朱亚男 邹　力 张　博 张鸿伟 张　琪 张　静

专家顾问： 孟建国 李存东 李金路 史丽秀 李 力 张 磊 董 强 史莹芳

支持单位：

北京筑邦园林景观工程有限公司
中城建北方建筑勘察设计研究院有限公司北京分院
北京久道景观设计有限责任公司
北京爱尔斯环保工程有限责任公司
景立方（北京）景观规划设计有限公司
北京中元林信息技术有限公司（园林中国网）
洛阳元之林园林工程有限公司

序 FOREWORD

2011 年夏天，克俊来找我，构想编写一本设计师手册。

克俊同时带了几本已经出版的同类手册，并分析了这些同类手册的特点，也指出其不足和局限。她向我介绍了她要编写的手册的大概的形式、包含内容怎样使用查找等，以及将来手册编成后对工作和行业的意义等等 ...... 她分析得深入透彻，构想得成熟完善，看得出她编书的决心大，但我还是心有忧虑，因为设计院平时设计任务繁多，要想在空余时间编写这样详尽丰富的设计资料手册，需要花费很多精力，困难可想而知。

2014年初夏，克俊又来找我，带来了厚厚的三册书稿，我甚感欣慰与感动。粗阅书稿，内容涵盖了园林景观设计从业者需要的各项设计资料：有概念也有理论，有技术也有实践。整套书编制新颖别致，查阅系统便捷清晰，应易为读者所接受。

本套手册编写人员都是我院在园林景观设计行业从业多年的资深设计师及管理人员。他们专业扎实，实践经验丰富，我认为他们所编写的，也一定是园林景观设计人员所需的。当今社会发展迅速，各行各业都在为利润趋之若鹜之时，他们能守住专业、钻研专业，并无私奉献所得所学，是一份热爱行业的情感，也是一种难能可贵的精神。

万丈高楼平地起，园林景观设计是一个综合的系统工程，一本书或一套书可能远远不能满足我们的所有需求，但是有了这套书的基础，我相信广大设计师同仁们一定能从中受益，我也希望能看到更多的好书为设计行业添砖加瓦，为园林景观行业者的新使命贡献力量。

北京筑邦园林景观工程有限公司
北京筑邦建筑装饰工程有限公司 执行董事 总经理
中国建筑设计集团筑邦环境艺术设计院 院 长

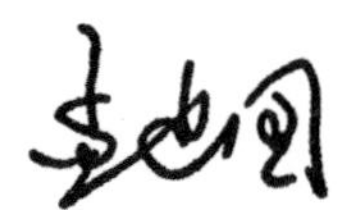

RERFACE 前言

苦于千头万绪

2011年的夏天，我从建设部设计院调到景观设计公司工作。刚到新环境，就有青年设计师来找我指导，其中大部分都不算是技术难题，只是一些常见的规范、规定。我建议他们去查规范、翻图集，自己解决问题。意图用这样的办法来督促大家多学习，牢固掌握专业基础知识，但收效甚微。一是针对特定的问题去查规范，解决的大多数是个别问题，不具有普遍性；二是资料规范等工具书专业性强，但综合性差，解决一个问题需要查阅多本资料或规范。

诚然，园林景观设计涉及到园林景观、规划、植物、建筑、总图、结构、给排水、电气等很多相关专业的知识，虽然不是一门很高深的学科，但要求掌握多专业的知识。遇到设计疑问去资料查阅真是一件千头万绪的事。

手册出自民间

有同事提议，建议将分布在各个专业领域的基础知识点整合集中，把这些资料统一编排成一本手册，便于查阅。在工作之余，由我组织安排，几位同事经过多轮的查阅、整理、编排，手册已经初见雏形。并在实际工作中得到了初步的运用，这本“民间”手册也日渐完善。

偶然的机会，中国林业出版社的策划编辑李顺阅读了我们这本民间手册，并给予了较高的评价，希望我们能将手册整理编辑正式出版，惠及更多的园林景观设计师和院校师生。不同于“民间”自用，正式出版的书籍要求非常高。为了能让“民间”手册早日与读者见面，出版社的领导、李编辑和所有的编者经历过数次的讨论、修改、扩充、删减、更新、替换，手册从一本书几章节扩编到了一套三本几十章节，内容越来越丰富、体系越来越完善，前后经历了共计三年，终于完成了今天这套《景观设计师手册》。

使用事捷功倍

编手册的初衷就是要便于查找，让工作繁忙的设计师在最短的时间找到需要的资料。这要求手册的索引体系非常强大。我翻遍了各种设计手册、工具书，尝试了很多种索引办法，都不理想。偶然发现中国建筑工业出版社的《建筑设计资料集Ⅱ》有很清晰明确的索引功能，既有工具书的特点，又简单明了，非常适合设计师查阅。（难怪这套资料集如此经典，看来确实是面面俱到）原来，简单的、实用的，就是最强大的，顺着这个思路，我们仿效《建筑设计资料集Ⅱ》的索引体系，理出了现在的查找形式。从现在的使用情况来看，基本达到了我们的预想要求。

限于编者们的学力和工作条件，文献资料收集不甚全面，书中论述不妥、征引疏漏讹误之处在所难免，希望读者谅解匡正。

编者

2014年3月

使用说明:

园林景观基础知识 / 010
1
章名称
章页码
章编号
章编号
节目录
竖向设计【2】地形
章名称
节编号
节名称
地形【2】竖向设计
节名称
节编号
章名称

目录

CONTENTS

目录

CONTENTS

园林景观基础知识

1. 园林景观溯源

园林景观是指在一定地域内运用工程和艺术手段，通过改造地形，种植树木花草，营造建筑与小品，布置园路，设置水景等途径创造而成的自然环境和游憩境域。

不同的民族，在不同的历史时期，人们对园林景观概念会产生不同的理解，甚至会出现完全对立的观念。最早的园林无疑来自宗教或文学作品，西方人就将宗教文学或神话作品中描绘的天堂或乐园看做是园林的雏形（图1-1）。因此，最早的园林就是人们对人类赖以生存的大自然的崇拜和再现。《圣经》中的伊甸园描绘了早先的人类在原始的大自然中无忧无虑的生活情景，构成了西方最早的园林景观形象，并成为西方园林取之不尽的创作源泉。

然而，文学作品中的天堂或者乐园，与真正意义上的园林是有着很大差别的。因为天堂或乐园的魅力在于它是原始的大自然，是未经人类干预的纯粹的自然环境。相反，园林则是人工营造的环境，反映出人类对自然的情感和对艺术的追求，虽然园林中包含了水、土、动植物、空气、阳光等自然要素，但是必须经过人类的加工后，自然要素才能转变成造园要素。因此，艺术园林的特征在于既利用自然，又不同于真正的大自然，带有或多或少的人文烙印（图1-2）。

2. 园林景观产生的原因

只有社会的发展具备了以下三个条件，真正意义上的园林景观才会出现：首先是人类有了创造美的愿望；其次是人类有了创造美的能力；最后是人类的生活环境远离了大自然并感到不适。因此，园林景观是人类社会发展到较高阶段的产物，是人类追求更美好的生存环境的开始，表明了人类情感回归乐园的强烈愿望。

不仅如此，园林景观还是人们摆脱生活中各种烦恼和忧虑的产物；是人们逃避现实、追求自由与变革的产物；是理想世界在现实世界的反应；是人们生活中的精神依托。园林景观甚至还表明了人们对现实政治状况、社会灾难、生存压力和文化艺术的反叛。当人们对现实世界感到失望时，往往会沉湎于园林景观所虚构的理想环境中，对现实采取抵触、甚至对抗的情绪。这在私家园林中表现得更加充分。

3. 园林景观的实践范畴

我国园林景观体系主要包括园林景观的基础理论、实践范畴及基本技能与技术三大部分。其中园林景观设计师涉及的实践范畴主要有四大方面，即：自然与文化资源保护与保存、风景评估与规划、场地规划细部景观设计、城市设计。另外园林景观工程与管理也是景观设计师必备的基本技术。

图1-1 古埃及阿美诺菲斯三世时代一位大臣陵墓壁画中的奈巴蒙花园（壁画现存大英博物馆）

图1-2 英国园中充满浪漫情调的小瀑布

环境有自然环境与人文环境之分。自然环境是社会环境的基础，而社会环境又是自然环境的发展。

1. 自然环境要素

自然环境是环绕人们周围的各种自然因素的总和，如大气、水、植物、动物、土壤、岩石矿物、太阳辐射等。这些是人类赖以生存的物质基础。通常把这些因素划分为大气圈、水圈、生物圈、土壤圈、岩石圈等五个自然圈。人类是自然的产物，而人类的活动又影响着自然环境。

园林景观中的自然环境要素(图1–3)主要包括: 气候、土壤、地质、地形、水文、植被、野生动物，以及部分区域可能存在的污染物。

2. 人文环境要素

人文环境可以定义为一定社会系统内外文化变量的函数，文化变量包括共同体的态度、观念、信仰系统、认知环境等。人文环境是社会本体中隐藏的无形环境，是一种潜移默化的民族灵魂。

人文环境是当今最时髦、最常用的一个词汇，它的产生和广泛使用适应了人类社会文明进步的客观需要，实际就是指人们周围的社会环境。

人文景观，又称文化景观，是人们在日常生活中，为了满足一些物质和精神等方面的需要，在自然景观的基础上，叠加了文化特质而构成的景观。

园林景观中的人文环境包括: 历史、人口、文化、产业结构及教育与社会参与等。

图1–3 园林景观中的自然环境因素

形形色色的园林大致可以归纳为五大要素：即山水地形、植物、建筑、广场与道路和园林小品，无论何种形式的园林都由这些要素组成。

1. 地形

这里谈的地形，是指园林绿地中地表面各种起伏形状的地貌。在规则式园林中，一般表现为不同标高的地坪、层次；在自然式园林中，往往因为地形的起伏，形成平原、丘陵、山峰、盆地等地貌。山水地形是构成园林的骨架，主要包括平地、丘陵、山峰等类型。地形要素的利用和改造，将影响到园林的形式、建筑的布局、植物配置、景观效果、给排水工程、小气候等因素。

（1）园林地形的作用

改善植物种植条件；提供干、湿，以至水；阴阳、缓陡等多样性环境。利用地形自然排水，所形成的水面提供多种园林用途，同时具灌溉、抗旱、防灾作用。创造园林活动项目；建筑所需各种地形环境。组织园林空间，形成优美园林景观。

（2）园林地形的类型及景观特点（表 1–1）

（3）地形造景的手法

1）中国传统地形造景的手法

①掇山（假山）

a. 土山—以土堆成，较矮，占地面积较大的假山。坡度最好在土壤安息角（ < 30° ）之内。

b. 石山—以自然山石堆砌而成，外形多变的假山。

c. 土石山—土石结合而成，应用最多。

筑山应主客分明；未山先麓，脉络贯通；山观四面而异；山水相依，山体最宜东西走向，山居北面，水于南面，山坡南缓北陡。

②置石

a. 特置—由玲珑或奇巧或古拙的单块山石立置而成，用作主景。

b. 散置—“攒三聚五”、“散漫理之”的布置形式。

c. 群置—山石成组配置在一起，山石间有主次、有聚散、有立卧、有呼应。

③人工塑石假山

a. 以石粉及细石渣为原料，以树脂为胶结，注模成型。

b. 用混凝土加色，内部配筋，用一次模制成。

2）现代地形造景的手法

①用点状地形加强场所感、用线状地形创造连绵的空间。

②将地形做成诸如圆（棱）锥、圆（棱）台、半圆环体，与自然景观产生了鲜明的视觉对比效果。

③微地形的利用与处理：

a. 利于地形排水、平衡土方。

b. 易创造优美、细腻的景观。

c. 微地形造型应有起伏曲折，以符合自然特征。

表 1–1 园林地形的类型及景观特点

地形类型		景观特点
平地		①坡度 < 3%、较平坦的地形，如草坪、广场；②具有统一、协调景观的作用；③有利于植物景观的营造和园林建筑的布局；④便于开展各种室外活动
坡地	缓坡	①坡度 3%~12% 的倾斜地形，如微地形、平地与山体的联接、临水的缓坡等；②能够营造变化的竖向景观③可以开展一些室外活动
	陡坡	①坡度 > 12% 的倾斜地形；②便于欣赏低处的风景，可以设置观景台；③园路应设计成梯道；④一般不能作为活动场地
山体		①分为可登临的和不可登临的山体；②可以构成风景也可以观赏周围风景；③能够创造空间、组织空间序列
假山		①可以划分和组织园林空间；②成为景观焦点；③山石小品可以点缀园林空间，陪衬建筑、植物等；④作为驳岸、挡土墙、花台等

2. 园路

园路，指园林中的道路工程，包括园路布局、路面层结构和地面铺装等的设计。园林道路是园林的组成部分，起着组织空间、引导游览、交通联系并提供散步休息场所的作用。它像脉络一样，把园林的各个景区联成整体。园林道路本身又是园林风景的组成部分，蜿蜒起伏的曲线，丰富的寓意，精美的图案，都给人以美的享受。

（1）园路的作用

园路作为园林的脉络，是联系各景区和景点的纽带，在园林中起着较大的作用，主要表现在三个方面：首先，园路起到导游的作用，它组织着园林景观的展开和游人观赏程序。游人沿着园路方向行走，使园林景观序列一幕幕地推演着，游人通过对景色的观赏，在视觉、听觉、嗅觉等方面获得美的享受；其次，园路具有构景作用，因园路也是造园素材之一；再次，许多水电管网都是结合园路进行铺设的，园路作为管网载体出现。

（2）园路的类型及景观特点（表 1–2）

（3）园路的设计手法

园路的设计要根据园林的地形、地貌、景点的分布等进行整体考虑，把握好因地制宜、主次分明、有明确方向性的基本原则。

在进行园林道路和交通规划时，除满足一般道路的安全、速度、经济、舒适的条件外，还需满足游览和艺术的要求，并与园区的自然环境相协调。

西方园林多为规则式布局，园路笔直宽大，轴线对称，成几何形。中国园林多以山水为中心，园林也多采用自然式布局，园路讲究含蓄，但在庭园、寺庙园林或在纪念性园林中，多采用规则式布局。

园路的布置应考虑：

①回环性：园林中的路多为四通八达的环行路，游人从任何一点出发都能遍游全园，不走回头路。

a. 疏密适度：园路的疏密度同园林的规模、性质有关，在公园内道路大体占总面积 10%~12%，在动物园、植物园或小游园内，道路网的密度可以稍大，但不宜超过 25%。

b. 因景筑路：园路与景相通，所以在园林中是因景得路。

②曲折性：园路随地形和景物而曲折起伏，若隐若现，“路因景曲，境因曲深”，造成“山重水复疑无路，柳暗花明又一村”的情趣，以丰富景观，延长游览路线，增加层次景深，活跃空间气氛。

③多样性：园林中路的形式是多种多样的。在人流集聚的地方或在庭院内，路可以转化为场地；在林间或草坪中，路可以转化为步石或休息岛；遇到建筑，路可以转化为“廊”；遇山地，路可以转化为盘山道、磴道、石级、岩洞；遇水，路可以转化为桥、堤、汀步等。路又以它丰富的体态和情趣来装点园林，使园林又因路而引人入胜。

表 1–2 园路类型及景观特点

园路类型	园路特点	园路宽度
主路	连通园区内外、园内各个景区、主要风景点和活动设施并具有消防功能的路	4~6m
支路	设在各个景区内的路，它联系各个景点，对主路起辅助作用。考虑到游人的不同需要，在园路布局中，还应为游人开辟由一个景区到另一个景区捷径	2.5~4m
小路	又叫游步道，是深入到山间、水际、林中、花丛供人们漫步游赏的路	1.2~2m
园务路	便于园务运输、养护管理等的需要而建造的路。往往由专门的入口直通公园的仓库、餐馆、管理处、杂物院等处，并与主环路相通，以便把物资直接运往各景点	4~6m

3. 场地

适应某种需要的空地。供活动、休憩、售卖、停车等使用的地方。

（1）场地的功能（表 1–3）

表 1–3 场地的功能与表现

功能	具体表现
景观构建作用	场地铺装的材料和色彩、纹样能够丰富场地的景观变化，成为视觉的焦点，场地中的景观小品、建构筑物，能够增强空间感，丰富广场的立面形象
人文构建作用	广场往往承载着所在区域的精神和文化特征，是场所精神和地方文脉的载体
实用功能	硬质场地提供了开敞空间，便于人流车辆的集散，还为地方节庆、大型文娱活动和各项展览活动及生产管理的开展提供了场所

（2）场地的类型及铺面（表 1–4）

表 1–4 场地的类型及铺面

类型	交通集散广场	起组织人流、分散人流的作用，一般不考虑游人长久停留休息，如出入口广场、建筑前广场
	游憩活动广场	休闲、游憩、活动的场地
	停车场	供车辆停留
	生产管理场地	供园务管理、生产需要
铺面	铺面材料	与道路铺面材料相似
	铺面形式	单一色彩、条带、艺术铺地等

（3）场地的设计手法

场地的设计要根据园林的地形、地貌、景点的分布、功能特点等进行整体考虑。

4. 水体

园林水体是园林景观组成中一个不可缺少的部分，水是园林的灵魂，水体可以简单地划分为静水和动水两种类型，动水主要有河、溪、喷泉等；另外，水声、倒影也是园林水景的重要组成部分。静水包括湖、池、塘等形式。

（1）水体的作用

① 统一各分散景点；

② 作为景观的焦点；

③可以减低城市噪音；

④戏水、滑水、赏水的景观游憩场所。

（2）水体的类型及景观特点（表 1–4）

（3）园林水景相关要素 （表 1–5）

表 1–4 水体的类型及景观特性

水体类型		景观特点
按照水体形态分	自然式水体	水体的边界自然曲折多变
	规则式水体	水体的边界呈规则的几何形状
按水流状态分	静态的水	如湖泊、水池
	动态的水	如河流、溪涧、跌水、喷泉、瀑布

表 1–5 园林水景相关要素

要素	形式	功能
驳岸	自然式，例如草坡、自然山石和假山驳岸	具防护堤岸、防洪泄洪的作用
	规整式、例如石砌和混凝土驳岸	
堤		可将较大水面分割成不同区域； 作为通道，使人亲近水体
桥	按形式分，有拱桥、曲桥、亭桥、廊桥、吊桥、汀步等	分隔、联系水面； 道路交通的一部分； 游乐功能
	按材质分，有木桥、石桥、竹桥、索桥等	

（4）水体的表现方法（表 1–6）

表 1–6 水体的表现方法

方式	绘制方法
线条法	可将水面全部用线条均匀布满，也可局部留空白或局部画线条。线条可采用波纹线、直线或曲线
等深线法	在靠近岸线的水面中，依岸线的曲折做两三根类似等高线的闭合曲线，成为等深线。此法常用于不规则水面
平涂法	用色彩平涂水面的方法。可类似等深线效果，水岸附近颜色较深，水体中部色彩较浅
添景法	利用与水面相关的一些内容来表示水面，如水生植物、船只、驳岸和码头、水纹等

5. 园林植物

植物是园林中有生命的构成要素，植物要素包括乔木、灌木、攀援植物、花卉、草坪等，植物的四季景观，本身的形态、色彩、芳香等都是园林造景的题材，园林植物与地形、水体、建筑、山石等有机的配植，可以形成优美的环境。

（1）园林植物的作用（表 1–7）

表 1–7 园林植物的作用

功能	要素	具体表现
构筑空间功能	开敞空间	低矮灌木和地被植物可形成开敞空间
	半开敞空间	一面或多面受到较高植物的封闭，限制了视线的穿透，可形成半开敞空间
	覆盖空间	利用具有浓密树冠的遮阴树，可构成顶部覆盖、四周开敞的覆盖空间
	垂直空间	利用高而密的植物构成方向直立、朝天开敞的空间
	封闭空间	与覆盖空间相似，区别在于四周均被小型植物封闭
观赏功能	大小	直接影响空间范围和结构关系、设计构思和布局
	外形	分纺锤形、圆柱形、水平展开形、圆球形、尖塔形、垂枝形、特殊形
	色彩	鲜艳的色彩：营造轻快、欢乐的气氛； 阴暗的色彩：易产生郁闷、幽静、阴森、沉闷的气氛
	生态	分为落叶阔叶树、常绿阔叶树、落叶针叶树、常绿针叶树
生态功能	净化空气、水体和土壤	吸收二氧化碳、放出氧气；吸收有害气体；吸滞烟灰和粉尘；减少空气、水体、土壤中的含菌量
	改善城市小气候	调节气温、调节湿度、通风防风
	降低城市噪音	阻隔城市噪音
	安全防护	蓄水保土、防震防火、防御放射性污染及防空

（2）园林植物的类型及景观特点

根据园林植物的形态特点，可分为 6 大类（表 1–8）

表 1–8 园林植物的类型及景观特点

类型	高度	形态特点	园林作用	示例
乔木	大乔木 > 20m 中乔木 8~20m 小乔木 < 8m	形体高大、主干明显、分枝点高、寿命长，是构成室外空间的基本结构和骨架	作为骨干树种或基调树种； 孤植形成视线焦点；	香樟、银杏、榉树、女贞、鸡爪槭等
灌木	大灌木 > 2m 中灌木 1~2m 小灌木 < 1m	无明显主干，多呈丛生状态	与乔木搭配形成丰富植物层次	桂花、石楠、小叶黄杨、栀子等
草坪地被		具独特的色彩、质地、似地毯	从顶平面与垂直立面上封闭空间，形成覆盖空间	高羊茅草、红花酢浆草等
藤本植物		攀缘性	阻隔视线，形成垂直空间、半开敞空间	常春藤、爬山虎等
花卉		姿态优美、花色艳丽、香气浓郁，通常多为草本植物	形成视觉焦点，增加氛围	金盏花、一串红等
竹类		形态优美，叶片潇洒，干直浑圆	作为特殊景观的背景	刚竹、毛竹、佛肚竹等

（3）园林植物种植设计形式（表 1–9）

表 1–9 园林植物种植设计形式

形式	表现方法
规则式种植	成行成列或按几何图案种植植物，形成秩序井然的规整式植物景观
自然式种植	模拟自然群落的结构和视觉效果，形成富有自然气息的植物景观，如树丛、树林草地、花境等
抽象图案式种植	现代景观设计中，常将植物作为构图要素进行艺术加工，形成具有特殊视觉效果的抽象图案
生态设计	强调乡土植物的运用，充分考虑周边区域植物分布的空间格局和自然演化的进程，延续当地植物的风貌和自然过程，按照科学的规律进行配置和种植

6. 建筑及园林设施

建筑根据园林的立意、功能、造景等需要，必须考虑建筑和建筑的适当组合，包括考虑建筑的体量、造型、色彩以及与其配合的假山艺术、雕塑艺术等要素的安排，并要求精心构思。使园林中的建筑起到画龙点睛的作用。

园林小品是园林构成的主要部分，小品使园林的景观更具有表现力。园林小品一般包括园林雕塑、园林山石、园林壁画等内容。

（1）园林建筑的作用（表 1–10）

表 1–10 园林建筑的作用

功能	具体表现
使用功能	满足人们休息、游览等需求。如满足餐饮需求的茶室、餐厅，满足游览休息需求的亭廊榭等，满足文化需求的展览馆，满足文娱活动需求的体育馆等
成景功能	园林建筑形体或庞大、或轻盈、或奇特，往往成为园区或景点的焦点，与自然环境形成强烈的对比而产生美感
观景功能	园林建筑是重要的景观点，人们通常会在休息或就餐时欣赏周围的风景，因此其位置选择常常要考虑视线所及之处应有美好的景色
组织游线	一些园林建筑布局巧妙，能够引导游人按照一定游线进行游览，从而获得特殊的景观感受

（2）园林建筑的分类（表 1–11）

表 1–11 园林建筑的分类

类别	示例
点景休憩类	亭、廊、榭、舫、楼阁、厅堂、塔等
文教展示类	展览馆、博物馆、纪念馆、文物保护点、动植物展览建筑、剧场等
文娱体育类	体育馆、俱乐部等
服务类	餐厅、茶室、码头、小卖部、摄影服务部、厕所、旅馆等
管理类	大门、办公室、广播站、医疗卫生、温室阴棚、变电室、垃圾污水处理厂、供电及照明设施等

（3）园林建筑的分类（表 1–12）

表 1–12 园林建筑的分类

类别	示例
交通设施	台阶、园桥、路缘石、阻隔物等
休息设施	园椅、园凳、园桌、花架等
照明设施	园灯等
信息类设施	展览牌、解说牌、指示牌、路标、广告等
管理设施	大门、围墙、栏杆、篱等
卫生设施	垃圾箱、饮水池、洗手池等
装饰性设施	雕塑、景墙、景窗、门洞、水景、石景、标志物或纪念物、花坛等
体育运动设施	儿童游乐设施、运动场、游泳池等

景观设计总则

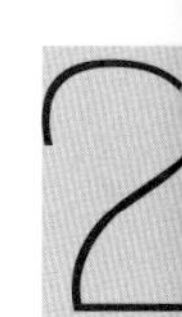

（1）景观设计应以所在城市总体规划、分区规划、控制性详细规划及当地主管部门提供的规划条件为依据。

（2）景观设计应结合工程特点、使用要求，注重节能、节水、节材、保护环境和减少污染，为人们提供健康适用的空间。积极利用可再生能源，如太阳能、风能等，并有效利用中水、雨水等资源。景观材料应就地取材，选用可再生和可再利用的环保材料。

（3）景观设计应结合当地气候条件、周围环境、地域文化和建筑环境，因地制宜地确定设计指导思想。充分利用自然地形、原有水系和植被，对原有生态环境进行保护。各类建筑周边景观设计，应与建筑群体、区内道路、地下建筑物、构筑物、场地竖向条件、地下管线情况等进行综合考虑。

（4）景观设计须满足防火规范要求，景观设计必须保证消防通路、火灾扑救场地，室外消火栓、消防水池等的正常使用。

（5）地震烈度在6度以上（含6度）的地区，城市开放绿地必须结合绿地布局设置专用防灾、救灾设施和避难场地。

（6）景观设计应按照不同的使用要求，合理组织各种机动车、非机动车、人流的交通流线，满足停车、疏散、集散等功能要求。

（7）制定合理排除地面和路面雨水的方案。

（8）公共活动空间应考虑无障碍设施。

（9）景观种植设计应优先选择乡土植物，采用少维护、抗性强的植物，减少日常维护的费用。

（10）景观种植设计应采用生态绿地、墙体绿化、屋顶绿化等多样化的绿化方式，构成多层次的复合生态结构，起到防晒、降温、调节小气候、防尘、提高空气负氧离子浓度、减少二氧化碳量、降低噪声等作用。

1. 城市规划

城市规划研究城市的未来发展、城市的合理布局和综合安排城市各项工程建设的综合部署，是一定时期内城市发展的蓝图，是城市管理的重要组成部分，是城市建设和管理的依据，也是城市规划、城市建设、城市运行三个阶段管理的龙头。

2. 城市总体规划

是指城市在一定时期内发展的计划和各项建设的总体部署。是城市规划编制工作的第一阶段。

3. 控制性详细规划

以城市总体规划或分区规划为依据，确定建设地区的土地使用性质和使用强度的控制指标、道路和工程管线控制性位置以及空间环境控制的规划要求。内容包括：

（1）土地使用性质及其兼容性等用地功能控制要求；

（2）容积率、建筑高度、建筑密度、绿地率等用地指标，规定交通出入口的方位、建筑后退红线距离等；

（3）基础设施、公共服务设施、公共安全设施的用地规模、范围及具体控制要求，地下管线控制要求；

（4）基础设施用地的控制线（黄线）、各类绿地范围的控制线（绿线）、历史文化街区和历史建筑的保护范围界限（紫线）、地表水体保护和控制的地域界限（蓝线）等“四线”及控制要求。

4. 修建性详细规划

以城市总体规划、分区规划或控制性详细规划为依据，制定用以指导各项建筑和工程设施的设计和施工的规划设计。内容包括：

（1）建设条件分析及综合技术经济论证；

（2）作出建筑、道路和绿地等的空间布局和景观规划设计，布置总平面图；

（3）道路交通规划设计；

（4）绿地系统规划设计；

（5）工程管线规划设计；

（6）竖向规划设计；

（7）估算工程量、拆迁量和总造价，分析投资效益。

5. 相关概念

用地红线：规划主管部门批准的各类工程项目的用地界限；

道路红线：规划主管部门确定的各类城市道路路幅（含居住区级道路）用地界限；

绿线：规划主管部门确定的各类绿地范围的控制线；

蓝线：规划主管部门确定的江河湖水库水渠湿地等地表水体保护的控制的界限；

紫线：国家和各级政府确定的历史建筑、历史文物保护范围界限；

黄线：规划主管部门确定的必须控制的基础设施的用地界限；

建筑控制线：是建筑物基底退后用地红线、道路红线、绿线、蓝线、紫线、黄线一定距离后的建筑基底位置不能超过的界限，退让距离及各类控制线管理规定应按当地规划部门的规定执行。

1. 城市用地

城市用地按其所承担的城市功能，划分成不同的用途类型。按照国际《城市用地分类与规划建设用地标准》，城市用地划分为 10 大类，43 中类，78 小类三个级别。10 大类是居住用地（R）、公共设施 (C)、工业 (M)、仓储 (W)、对外交通 (T)、道路广场 (S)、市政公用设施 (U)、绿地 (G)、特殊用地 (D)、水域或其它用地 (E)。

2. 城市绿地

城市绿地是用以栽植树木花草和布置配套设施，基本上由绿色植物所覆盖，并赋以一定的功能与用途的场地。城市绿地是构成城市自然环境基本的物质要素，同时城市绿地的质和量乃是反映城市生态质量、生活质量和城市文明的标志之一。

3. 城市的绿地分类表（表 2–1）

4. 城市绿地用地指标

绿地率（%）=（建设用地内总绿地面积 ÷ 总用地面积）×100%

绿化覆盖率（%）= 植被垂直投影面积 / 总用地总面积 ×100%

人均公共绿地面积 = 公共绿地总面积 / 人口数　单位：m^2/ 人

表 2–1 城市绿地分类表

类别代码			类别名称
大类	中类	小类	
G1			公园
	G11		综合公园
		G111	市级公园
		G112	区级公园
		G113	居住区级公园
	G12		专类公园
		G121	儿童公园
		G122	动物园
		G123	植物园
		G124	历史名园
		G125	风景名胜公园
		G126	游乐公园
		G127	其他专类公园
	G13		带状公园

类别代码			类别名称
大类	中类	小类	
	G14		街旁公园
G2			生产绿地
G3			防护绿地
G4			居住绿地
G5			附属绿地
	G51		公共设施用地绿化
	G52		工业用地绿化
	G53		仓储用地绿化
	G54		对外交通用地绿地
	G55		道路绿地
	G56		市政设施用地绿地
	G57		特殊用地绿地
G6			生态景观绿地

5. 用地指标面积计算

（1）总用地面积指用地红线坐标范围内的用地面积。如总用地面积内含有代征城市道路用地、代征城市绿化用地或其他不可建设用地时，总用地应减去上述不可规划建设用地面积，以可规划用地面积作为总用地面积计算各项技术指标。

（2）公共绿地应为公共活动空间。居住区公共绿地最小规模 1.00hm^2，居住小区绿地 0.4hm^2；组团绿地 0.04hm^2，且有大于 1/3 的绿地面积在建筑日照阴影范围之外。带状公共绿地的宽度应大于 8.0m，面积不小于 0.4hm^2。

（3）基地内公共绿地面积包括人工水景面积，不包括江、河、湖、海、水库等归属于城市水域的面积。

（4）总绿地面积包括公共绿地、公共服务设施所属绿地、道路绿地与宅旁绿地；满足当地植物种植覆土要求的地下、半地下建筑的顶部绿地，可计入绿地面积。宅旁绿地从距建筑外墙 1.5m 以外开始计算；院落式组团绿地从距组团道路 1.0m 以外开始计算；有树木种植的停车场（图 2–1）可计入绿地面积。

（5）地上建筑屋顶绿化面积根据各地有关部门规定计算，墙面垂直绿化面积不计入绿地面积

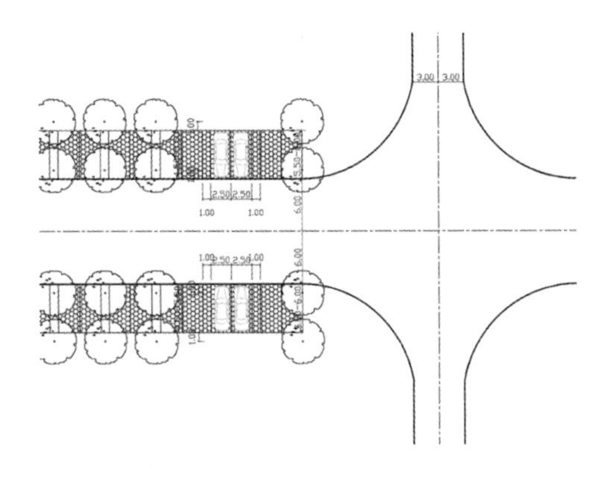

图 2–1 种植乔木停车场示意图（m）

1. 资源

城市景观设计应尽可能充分利用自然资源条件，如矿藏、森林、生物、土壤、地表及地下水资源等。还包括人工筑凿、考古发现的历史遗迹和历代园林景观等人文资源。

2. 地形地貌

（1）地形图：区域性地形图常用1/5000 ~1/10000地形图（图2–2），总图常用1/500~1/1000地形图。图例中有地物符号、地形符号和标记符号三类（图2–4）。

（2）地图方向与坐标：上北下南左西右东定方位。纵向X轴南北坐标，横向Y轴东西坐标。世界各国均以地球经纬度绘地图，而城市地域一般用方格独立坐标网绘地图。场地地图多以城市地域坐标网控制，也可用相对独立坐标网地形图。

（3）地形图高程与等高线：各国的地形图选用特定零点高程算起，称绝对高程或海拔。工程地图可假定水准点高程，称相对高程。我国地图等高线是以青岛平均海平面作零点高程，以米为单位计，以等高相同点连线标注的绝对高程线于地图上。等高线应是一条封闭曲线（图2–3）。

两等高线水平距离叫等高线间距，两等高线高差叫等高距。等高线间距随地形起伏，大而密。等高线向低方向突出，形成山脊，反之形成山沟。

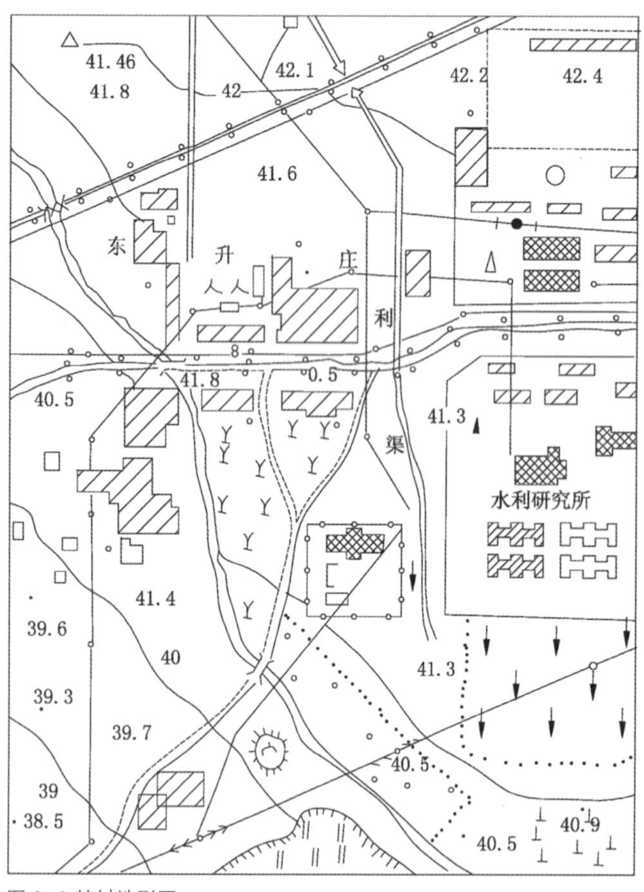

图2–2 某村地形图

图2–3 某小区地形图

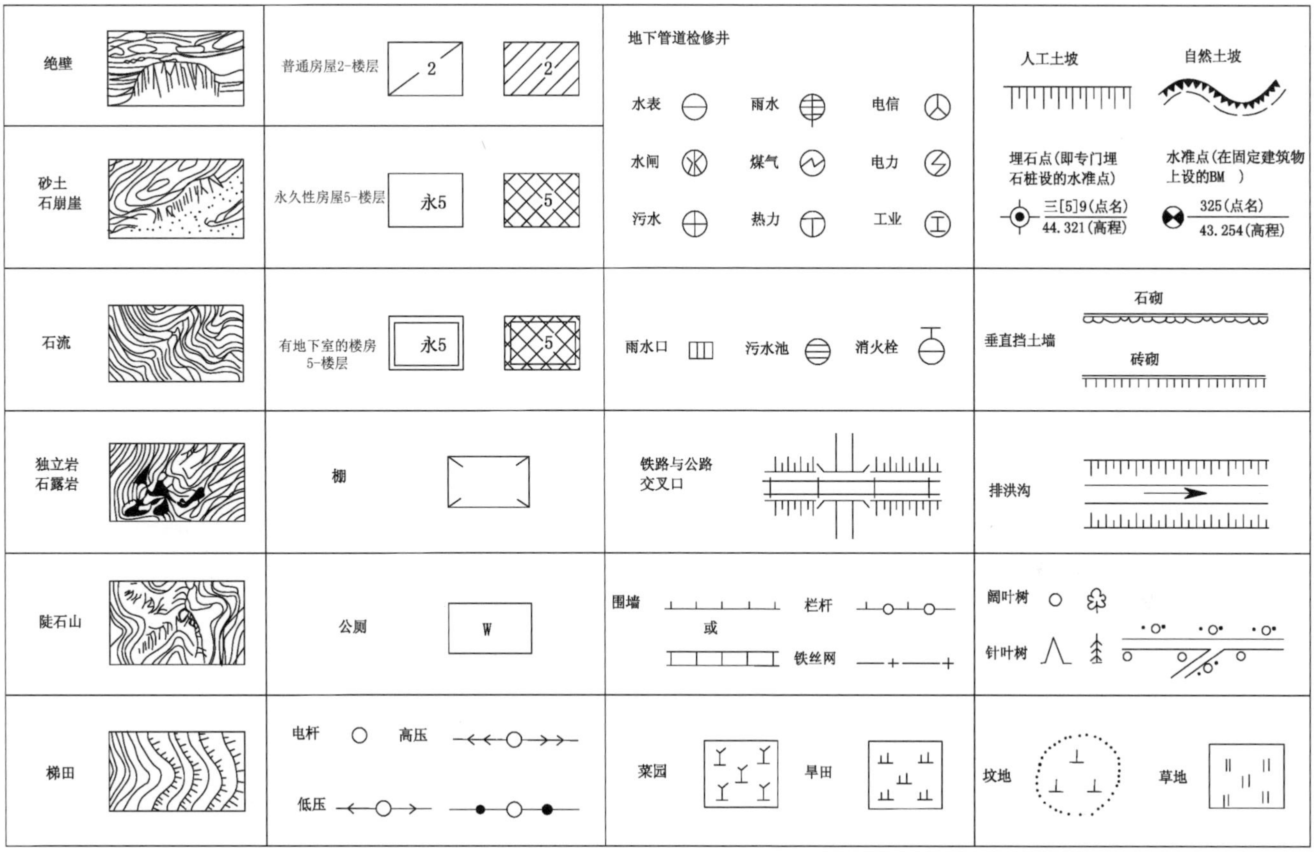

2

绝壁	普通房屋2-楼层 2 2	地下管道检修井 水表 雨水 电信 水闸 煤气 电力 污水 热力 工业	人工土坡 自然土坡 埋石点(即专门埋石桩设的水准点) 三[5]9(点名) 44.321(高程) 水准点(在固定建筑物上设的BM) 325(点名) 43.254(高程)
砂土 石崩崖	永久性房屋5-楼层 永5 5		
石流	有地下室的楼房5-楼层 永5 5	雨水口 污水池 消火栓	垂直挡土墙 石砌 砖砌
独立岩 石露岩	棚	铁路与公路交叉口	排洪沟
陡石山	公厕 W	围墙 或 栏杆 铁丝网	阔叶树 针叶树
梯田	电杆 高压 低压	菜园 旱田	坟地 草地

图 2-4 地形图图例

3. 气象

（1）气温：历年逐月最高、最低及平均气温，极端气温，最大、最小相对湿度和绝对湿度；严寒日期数，冻土深度；气温日差、年差。

（2）降水量：历年逐月、逐日平均、最大，以及最小降雨量；一次暴雨持续时间及最大雨量；初、终雪日期，积雪日期，深度，密度。

（3）风：历年各风向频率（全年、夏季、冬季）、静风频率、风玫瑰图。历年的年、季、月平均及最大风速、风力。风对场地有多方面影响。

（4）云雾、日照、风沙、雷击等资料也要搜集，以免对场地产生不良影响。

4. 水文地质

河流、水库、湖泊及滨海的水位；五十年、百年及常年洪水淹没范围；沿岸特征，冲击断面，流量，流速方向；水温；含沙等地面水资料情况；深水井、泉水的水量、水温变化，水的物理、化学和生物性能、成分分析等。地下水的相关资料。

5. 工程地质

场地所处区域的地质构造，地层成因、形成年代等；场地地震基本烈度；场址处土岩类别、性质、承载力、有无不良滑坡、沉陷地质现象及人为破坏或修筑古墓等设计基础。

6. 交通运输条件

公路、铁路和水运、空运便利的地区，宜作为景观建设用地。

7. 给水排水条件

靠近水源，保证供水的可靠性。水质、水量、水温要符合要求。城市管网布局、管径、标高、压力、排入允许量等。

8. 能源供应

供电电源位置、距离、供电量、电源回路等。电信、网络等各种信号的供给。

9. 环境保护

场地上的文物古迹、古树名木、自然景观，应按相关部门的要求采取相应的保护措施。

10. 施工条件

了解当地及外来建材、苗木供应、产量、价格。当地施工技术力量、水平。机械起重能力数量，以及施工期，水、电、劳动力供应条件。

2

1. 民用建筑基地出入口

（1）与城市道路交接时平面交角不宜小于 75°。

（2）距相邻城市干道交叉口距离，自道路红线交叉点起不小于 70m（图 2–5）。

（3）基地出入口与城市道路成角度连接时，与城市道路交叉口距离可按当地规划部门的规定执行。

（4）与人行横道线、人行过街天桥、人行地道（包括引道、引桥）的最边缘线不应小于 5m，若有条件最好考虑 30m。

（5）距地铁出入口、公共交通站台边缘不应小于 15m，若有条件最好考虑 30m。

（6）距学校、公园、儿童及残疾人等使用的建筑出入口不小于 20m。

（7）距城市道路立体交叉口距离或其他特殊情况应由当地主管部门确定。

（8）人员密集建筑，如电影院、剧场、文化娱乐中心、会堂、博览建筑、商业建筑等应至少有一面直接临城市道路，并留有足够宽度的空地，以保证人员疏散时不影响城市正常交通。

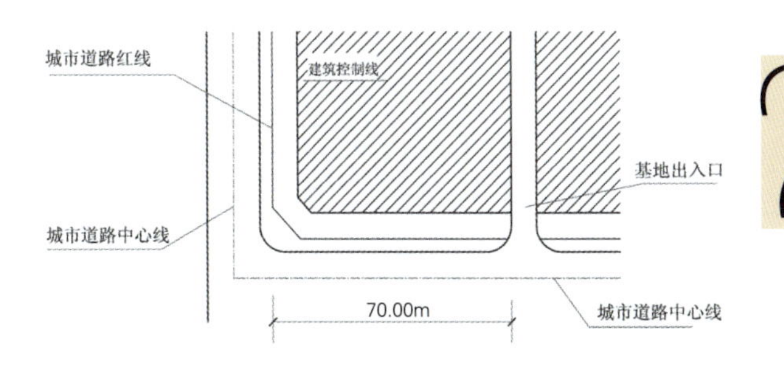

图 2–5 出入口自道路红线交叉点起不小于 70m 示意图

2. 居住区道路系统

（1）居住区道路系统应保障内外联系通畅、安全、避免迂回，便于消防车、救护车、货车、垃圾运输和居民小汽车通行。

（2）居住小区内道路应人车有序，主要道路至少两个出入口（可以是两个方向也可以是同一方向）。居住区规模较大时，应有两个方向与外界道路相连接。机动车道对外出入口间距不应小于 150m。

（3）居住小区内尽端式道路长度不宜大于 120m；应设置不小于 12m x 12m 回车场，回车场型式见（图 2–6）。

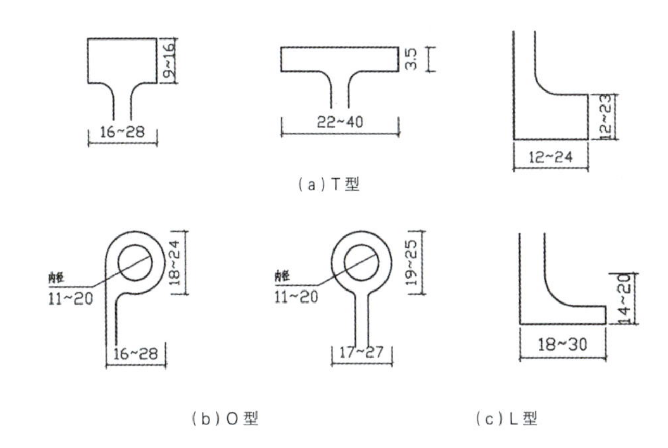

图 2–6 回车场型式

3. 道路纵坡

（1）居住区道路纵坡控制指标（表 2–2）。

（2）基地机动车道与城市道路车行道相接，最大纵坡值为 8% 时车速限定在 20~30km/h。

（3）当地形坡度较大的个别困难地段，道路纵坡极限值不宜大于 11%，其坡长不大于 80m，路面应有防滑措施。

（4）当地形高差较大基地内道路纵坡在 10% 以上，且坡长超过 30m 时，应在道路一侧设步行梯道，每段梯步不少于 3 级，梯道每升高 1.2~1.5m 宜设置休息平台，宽度不小于 1.5m，梯道连续升高超过 5m 时，除应设置休息平台，还应设置转折平台，其宽度不小于梯道宽度，并在坡道旁附设推行自行车坡道。

5）居住区各级道路的人行道应考虑无障碍设计，人行道纵坡不宜大于 2.5%，在人行步道设台阶应同时设轮椅坡道和扶手。

表 2–2 居住区道路纵坡控制坡度（%）

道路类别	最小纵坡	最大纵坡	多雪严寒地区最大纵坡
机动车道	≥ 0.2	≤ 8.0 L ≤ 200m	≤ 5.0 L ≤ 600m
非机动车道	≥ 0.2	≤ 3.0 L ≤ 50m	≤ 2.0 L ≤ 100m
步行道	≥ 0.2	≤ 8.0	≤ 4.0

注：L 为坡长（m）

4. 道路横坡

（1）机动车、非机动车道路横向坡为 1.5%~2.5%。

（2）人行道横坡为 1.0%~2.0%。

5. 道路宽度

（1）道路宽度按行车通过量及种类确定。单车道 3.5m；双车道 6~7m。考虑机动车与自行车共用时，单车道 4m，双车道 7m。自行车道路单车道路面最小宽度宜为 1.2m，双向行驶的最小宽度宜为 3.5m。

（2）居住区道路红线宽度不宜小于 20m。

（3）小区级道路路面宽度宜为 6~9m，建筑控制线之间宽度需敷设供热管线的不宜小于 14m，无供热管线的不小于 10m。

（4）组团级道路路面宽度宜为 3~5m，建筑控制线之间宽度需敷设供热管线的不宜小于 10m，无供热管线的不小于 8m。

（5）宅前路路面宽度不宜小于 2.5m。

（6）在车行道路的单侧或双侧设置人行道时，其宽度不宜小于 1.5m。其他地段人行道宽度不宜小于 0.75m。

（7）基地内人行道路通行轮椅的坡道宽度不应小于 1.5m。居住区公共活动中心无障碍通道宽度为 2.5m。

6. 其它标准与数据

(1）道路交叉口的视距，一般不小于 21m（图 2-7）。

（2）道路最小转弯半径视道路等级及通行车辆不同而定。最小转弯半径为 6m（图 2-8）。

（3）居住区道路边缘至建筑物、构筑物最小距离（表 2-3）。

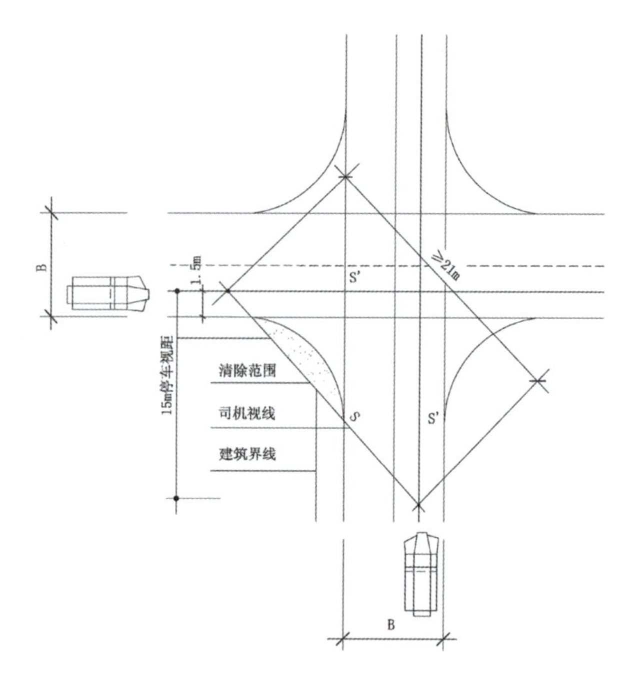

图 2-7 交叉口视距

表 2-3 居住区道路边缘至建、构筑物最小距离（m）

道路级别 与建、构筑物关系		居住区 道路	小区路	组团路及 宅间小路
建筑物面向道路	无出入口	高层 5.0 多层 3.0	3.0 3.0	2.0 2.0
	有出入口	——	5.0	2.5
建筑物山墙面向道路	高层 4.0 多层 2.0	高层 4.0 多层 2.0	2.0 2.0	1.5 1.5
围墙面向道路	1.5	1.5	1.5	

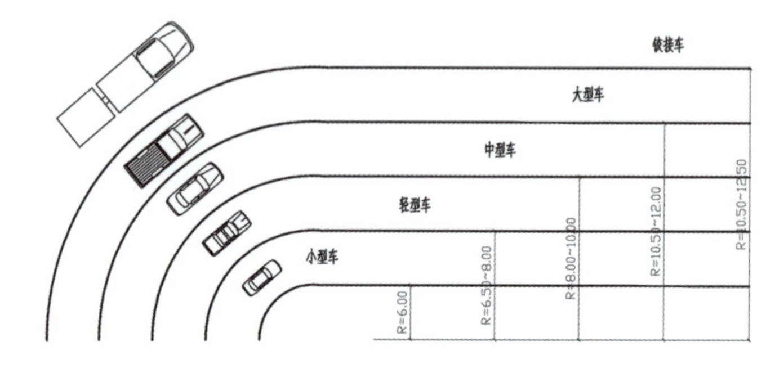

图 2-8 机动车道最小转弯半径（m）

（1）消防车道宽度不应小于 4m。转弯半径：轻型消防车不应小于 9~10m，重型消防车不应小于 12m，穿过建筑物门洞时其净高不应小于 4m。供消防车停留操作的场地坡度不宜大于 3%。

（2）环形消防车道至少有两处与其他车道连通，尽端式消防车道应设有回车道或回车场。多层建筑群回车场面积不应小于 12mx12m，高层建筑回车场面积不宜小于 15mx15m，供大型消防车的回车场不宜小于 18mx18m。

（3）高层建筑的周围应设环形消防车道。当设环形车道有困难时，可沿高层建筑两个长边设置消防车道，当建筑沿街长度超过 150m 或总长度超过 220m 时，应在适中位置设置穿过建筑物的消防车道。有环形车道的高层建筑可不设置穿过建筑的消防车道。

（4）高层建筑内院或天井，其短边长度超过 24m 时，宜设有进入内院或天井的消防车道。

（5）有封闭内院或天井的高层建筑沿街时，应设置连通街道和内院的人行通道，其距离不超过 80m。

（6）消防车道距高层建筑外墙宜大于 5m，消防车道上空 4m 以下范围内不应有障碍物。

（7）大型民用建筑、超过 3000 座位体育馆、超过 2000 座位的会堂和超过 $3000m^2$ 的展览馆等公共建筑，宜设环形消防车道，当体育建筑因各种原因，消防车道设置不能靠近建筑物时，应采取下列措施：
①消防车在平台下部空间靠近建筑主体。
②消防车直接开入建筑内部。
③消防车到达平台上部以接近建筑主体。
④平台上部设消火栓。

（8）消防车道路面荷载与消防车型号重量有关，高层建筑使用大型消防车，最大载重量为 35.3t（标准荷载 $20kN/m^2$）。设计考虑的消防车最大载重量需与当地消防部门商定。

（9）消防车道下的管道和暗沟等，应能承受消防车辆的压力。

（1）地面停车场地应平整、坚实、防滑，并满足排水要求，应有遮阳树木，且宜以植草砖铺设。

（2）居住区内地面停车用地面积以小型车计算，停车场宜设置在行车方便、距建筑外墙面需大约 6m，尽量不影响居民宁静生活和不影响景观环境地段。

（3）机动车停车场用地面积每个停车位为 25~30m^2，停车位尺寸以 2.5m x 5.0m 划分（地面划分尺寸），摩托车每个车位为 2.5~2.7m^2。

（4）停车场的停车方式，根据地形条件以占地面积小、疏散方便、保证安全为原则，主要停车方式有平行式、斜列式和垂直式三种。其之间最小距离以小型汽车为例，机动车停车场的停车方式（图 2–9）。

（5）机动车停车场，小于等于 50 辆的停车场可设一个出入口，其宽度采用双车道；51~300 辆的停车场应设两个出入口；大于 300 辆的停车场出入口应分开设置，其宽度不小于 7m；停车数大于 500 辆时，应设不少于 3 个双车道的出入口。

（6）停车场车位宜分组布置，每组停车数量不宜超过 50 辆，组与组之间距离不小于 6m。

（7）停车场出入口应符合行车视点要求，并应右转出入车道。

（8）停车场坡度不应超过 0.5%，以免发生溜滑。

（9）需设置残疾人停车位的停车场，应有明显指示标志，其位置应靠近建筑物出入口处，残疾人停车位与相邻车位之间留有轮椅通道，其宽度不小于 1.2m。

（10）为公共建筑服务的停车场，当停车数大于 50 辆时，应在主体建筑人流出入口附近设置专用的出租车候客车道。

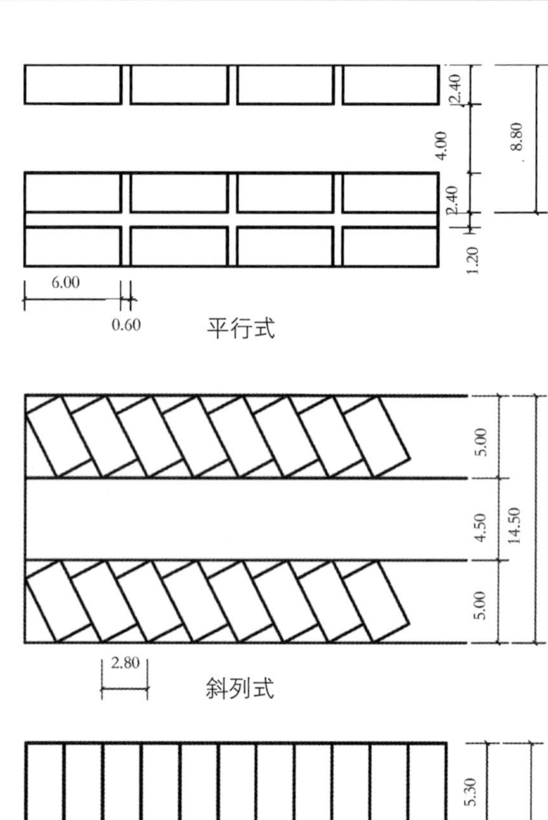

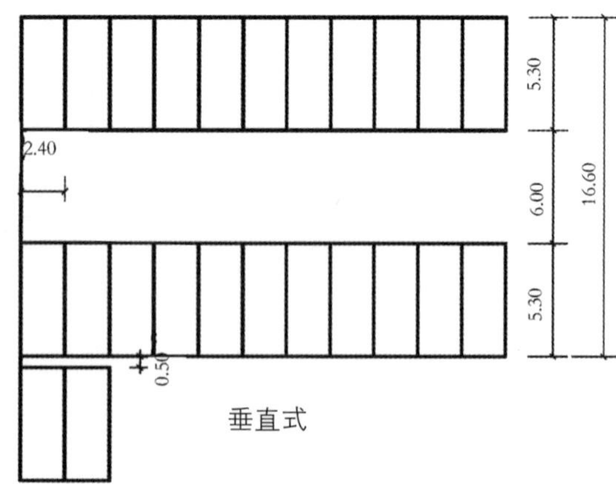

图 2–9 机动车停车场的停车方式

（1）单台自行车按 2m x 0.6m 计，自行车停放每个车位按 1.5~1.8m² 计算。

（2）自行车停车场和机动车停车场应分别设置，机动车与自行车交通不应交叉，并应与城市道路顺向衔接。

（3）自行车停放宜分段设置，每段长度 15~20m，每段应设一个出入口，其宽度不小于 3m。

（4）当车位数量在 300 辆以上时，其出入口不应少于 2 个，出入口净宽不宜小于 2m。

（5）自行车停车方式以出入方便为原则，停放方式有垂直式、斜列式，其用地面积（图 2–10）。

（6）自行车停车带宽度和通道宽度及自行车单位停车面积（表 2–4，2–5）。

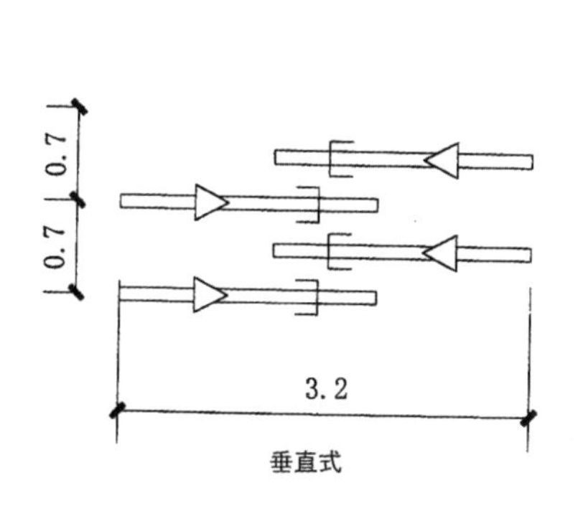

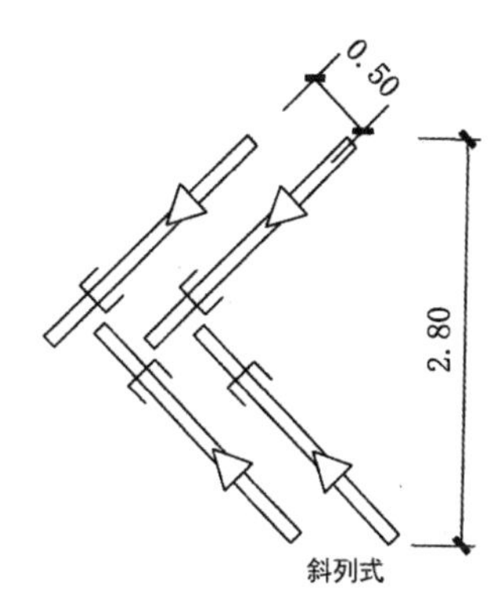

图 2–10 自行车排列尺寸

表 2–4 自行车停车带宽度和通道宽度（m）

停车方式		停车方式		车间距离	通道宽度	
		单排停车	双排停车		一侧使用	两侧使用
垂直排列		2.00	3.20	0.70	1.50	2.60
斜排列	60°	1.70	2.70	0.50	1.50	2.60
	45°	1.40	2.26	0.50	1.20	2.00
	30°	0.10	1.60	0.50	1.20	2.00

表 2–5 自行车单位停车面积（m）

停车方式		单位停车面积（m²/辆）				备注
		单排一侧	单排两侧	双排一侧	双排两侧	
垂直排列		2.00	3.20	0.70	1.50	
斜排列	60°	1.70	2.70	0.50	1.50	
	45°	1.40	2.26	0.50	1.20	
	30°	0.10	1.60	0.50	1.20	

1. 城市道路广场无障碍设施与设计要求（表 2-6）。

表 2-6 城市道路广场无障碍设施与设计要求

设施类别	设计要求
原石坡道	在交叉路口、街坊路口、单位出口、广场入口、人行横道及桥梁隧道、立体交叉等路口处的人行道应设缘石坡道
坡道与梯道	①城市主要道路、建筑物和居住区的人行天桥和人行地道应设轮椅坡道和安全梯道； ②在坡道和梯道两侧应设扶手。城市中心地区可设垂直升降梯取代轮椅坡道
盲 道	①城市中心区道路广场、步行街、商业街、桥梁隧道、立体交叉处及主要建筑物地段的人行道应设盲道； ②人行天桥、人行地道、人行横道及主要公交车站应设提示盲道
人行横道	①人行横道的安全岛应能使轮椅通行 ②城市主要道路的人行道宜设过街音响信号
标志	①在城市广场、步行街、商业街、人行天桥、人行地道灯无障碍设施的位置应设国际通用无障碍标志牌； ②城市主要地段的道路和建筑物宜设置盲文位置图

2. 城市建筑场地无障碍实施范围（表 2-7）。

表 2-7 城市建筑场地无障碍实施范围

<table>
<tr><th colspan="2" rowspan="2">建筑类别</th><th rowspan="2">实施部位</th><th colspan="4">无障碍措施</th></tr>
<tr><th>无台阶入口</th><th>无障碍入口</th><th>人行通路</th><th>无障碍停车位</th></tr>
<tr><td colspan="2" rowspan="2">办公、科研建筑
政府、公安、司法、企事业和老年人、残联办公及活动中心等</td><td>建筑基地</td><td></td><td></td><td>√</td><td>√</td></tr>
<tr><td>主要入口
接待服务入口</td><td></td><td>√</td><td></td><td></td></tr>
<tr><td colspan="2">商业建筑
百贸、商场、超市、商厦、餐馆、食品店、菜市场等</td><td>主要入口
门厅
大堂</td><td>√</td><td></td><td></td><td></td></tr>
<tr><td colspan="2" rowspan="2">文化建筑
文化馆、图书馆、科技馆、博物馆、档案馆等</td><td>建筑基地</td><td></td><td></td><td>√</td><td>√</td></tr>
<tr><td>主要入口
接待服务入口</td><td></td><td>√</td><td></td><td></td></tr>
<tr><td colspan="2" rowspan="2">观演建筑
剧场、剧院、电影院、音乐厅、礼堂、会议中心等</td><td>建筑基地</td><td></td><td></td><td>√</td><td>√</td></tr>
<tr><td>主要入口</td><td></td><td>√</td><td></td><td></td></tr>
<tr><td colspan="2" rowspan="2">交通、医疗建筑
航站楼、火车客运站、汽车客运站 、城市轨道交通、港口客运站、医院、疗养院、急救中心，医疗站等</td><td>站前广场</td><td></td><td></td><td>√</td><td>√</td></tr>
<tr><td>旅客
病人出入口</td><td>√</td><td></td><td></td><td></td></tr>
<tr><td colspan="2" rowspan="2">学校建筑
高等院校、专业学校、特殊教育院校、中小学及托幼建筑等</td><td>建筑基地庭院</td><td></td><td></td><td>√</td><td>√</td></tr>
<tr><td>主要入口</td><td></td><td>√</td><td></td><td></td></tr>
<tr><td rowspan="2">居住建筑</td><td>高层、中高层及公寓住宅、设有残疾人住房的多层、低层住宅及公寓</td><td>建筑入口</td><td></td><td>√</td><td></td><td></td></tr>
<tr><td>设有残疾人住房的职工宿舍、学生宿舍</td><td>主要入口</td><td></td><td>√</td><td></td><td></td></tr>
</table>

3. 城市园林绿地无障碍设计范围

（1）各种城市广场、综合公园、街旁游园、儿童公园、动物园、植物园、海洋馆、游乐园、古建筑与旅游景点中的园路、园廊、园桥、铺装场地、观展区、儿童乐园等为无障碍区域，要方便乘轮椅者到达和使用。

（2）上述园林绿地的每一处室外男、女公共厕所应各设一个无障碍厕位、一个无障碍洗手盆、一个小便器（男）及一个无障碍厕所。

（3）售票处、服务台、公用电话、饮水器及餐饮等服务设施设无障碍标志牌。

1. 盲道分类与概念

盲道是专门帮助盲人行走的道路设施。盲道一般由两类砖铺就，一类是条形引导砖，引导盲人放心前行，称为行进盲道；一类是带有圆点的提示砖，提示盲人前面有障碍，该转弯了，称为提示盲道（图 2–11）。

表 2–8 行进盲道和提示盲道触感条规格（mm）

部　位	行进盲道	提示盲道
面 宽	25	25
底 宽	35	35
高 度	5	5
条形或圆点中心距	62~75	50

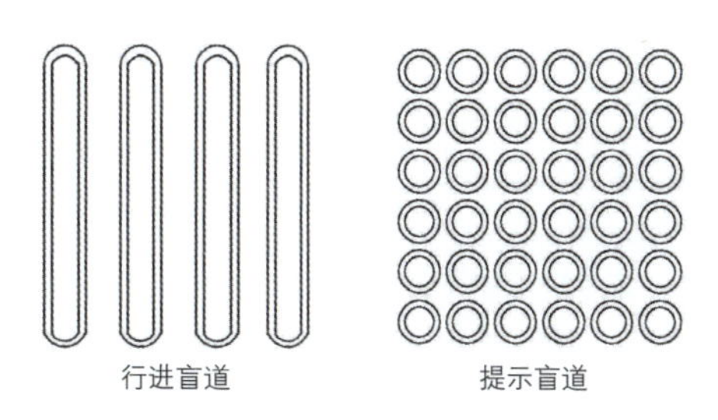

图 2–11 盲道类型

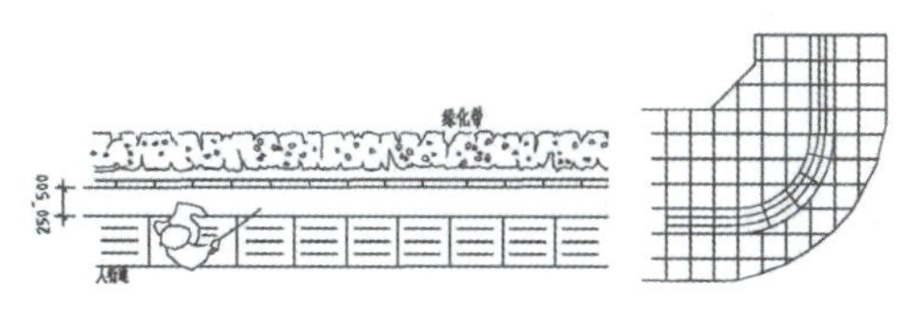

图 2–12 盲道的设置

2. 盲道设计内容及要求（表 2–9）。

表 2–9 盲道设计内容及要求

盲道类型	位置选择	宽度和触感条要求	设计要求
行进盲道	①人行道外侧有围墙、花台或绿化带；宜设在距围墙、花台或绿化带 0.25~0.50m 处； ②人行道内侧有树池：可设在距树 0.25~0.50m 处； ③人行道没有树池：行进盲道距立缘石不应小于 0.50m；④人行道成弧形路线时，行进盲道宜与人行道走向一致（图 2–12）	①宽度：以0.30~0.60m为宜，可根据道路宽度选择低限或高限； ②行进盲道触感条规格应符合规定（表 2–8）	①人行道设置的盲道位置和走向应方便视残疾者安全行走和顺利到达无障碍设施位置； ②指引残疾者向前行走的盲道应为条形的行进盲道，在行进盲道的起点、重点及拐歪处应设圆点形的提示盲道；（图 2–13） ③盲道表面触感部分一下的厚度应与人行道砖一致； ④盲道应连续，中途不得有电线杆、拉线树木等障碍物； ⑤盲道宜避开井盖铺设（图 2–15）； ⑥盲道的颜色宜为中黄色
提示盲道	①行进盲道的起点和终点处应设提示盲道，其长度应大于行进盲道的宽度（图 2–14）； ②行进盲道在拐弯处应设提示盲道，其长度应大于进行盲道的宽度； ③人行道中有台阶坡道和障碍物等，在相距 0.25~0.50m 处应设提示盲道； ④距人行横道入口、广场入口、地下铁道入口等 0.25~050m 处应设提示盲道，提示盲道长度与各入口的宽度相对应	①宽度：以0.30~0.60m为宜 ②提示盲道触感圆点规格应符合规定（表 2–8）	

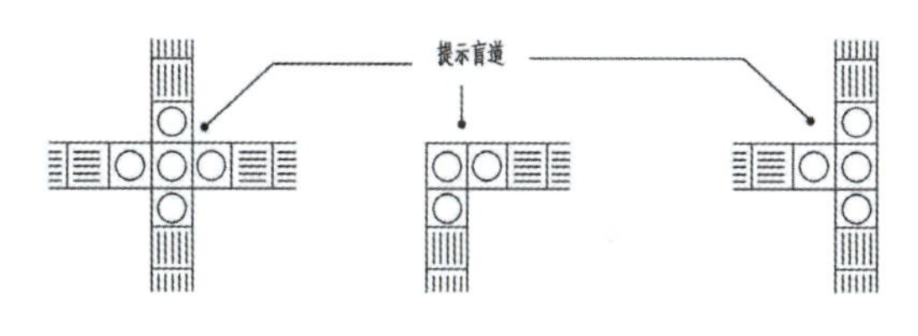

图 2–13 盲道转弯交叉处设提示盲道

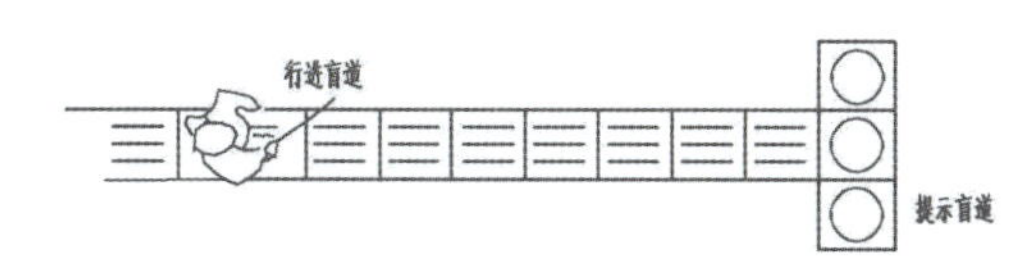

图 2–14 行进盲道起点与终点设置提示盲道

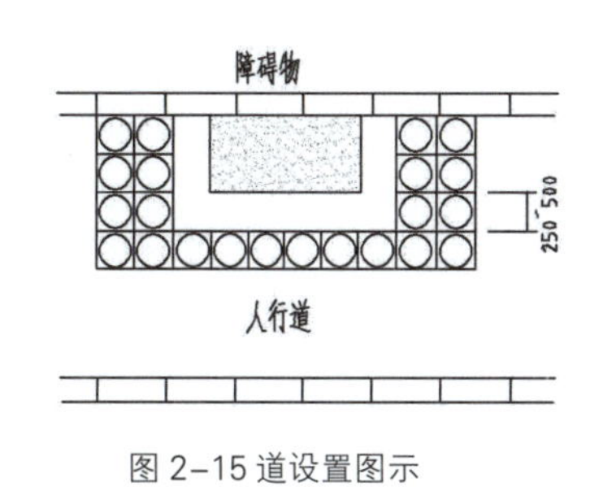

图 2–15 道设置图示

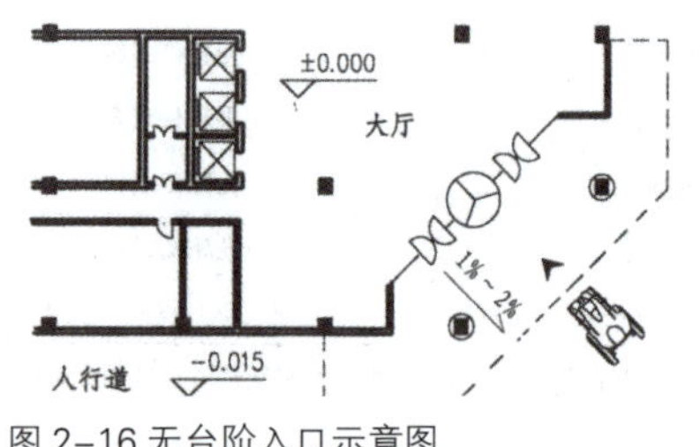

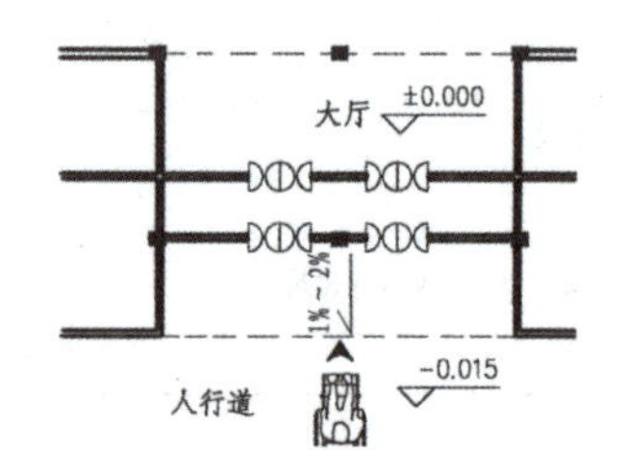

图 2-16 无台阶入口示意图

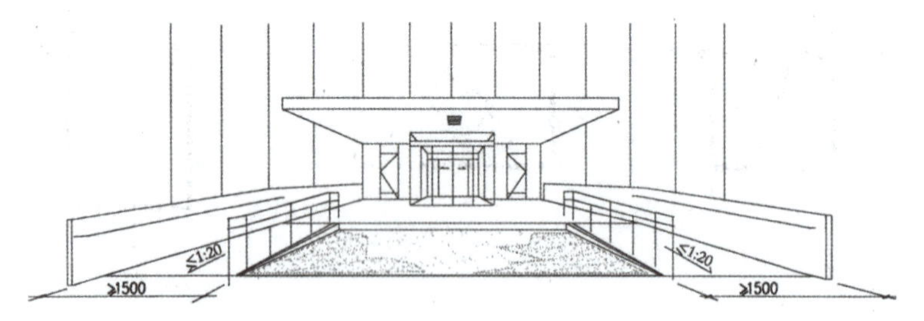

图 2-17 只设坡道入口

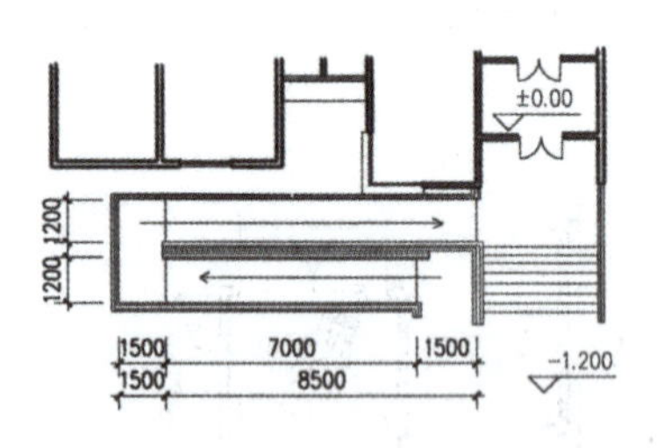

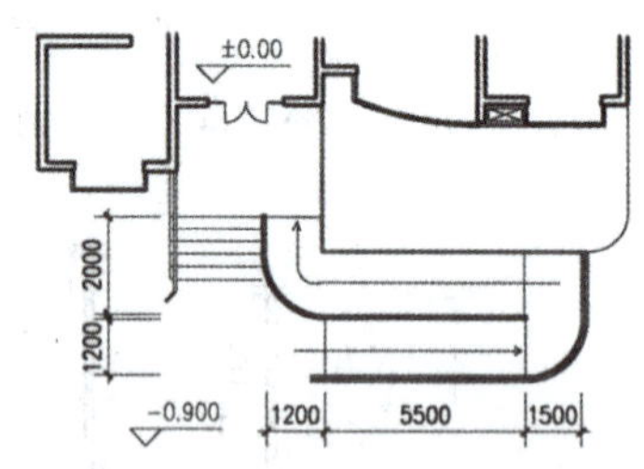

图 2-18 设台阶和坡道的入口示意图

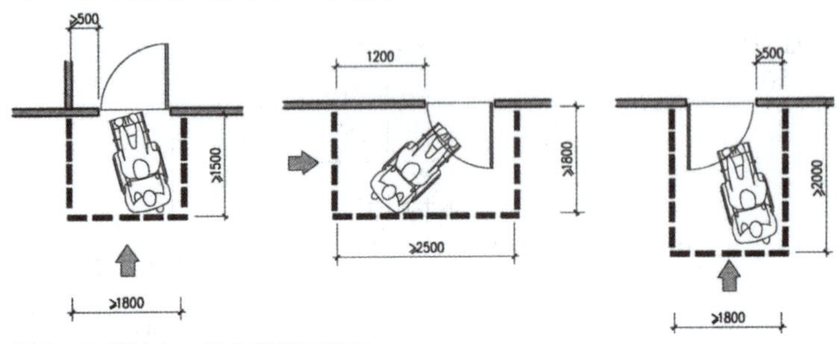

图 2-19 建筑入口平台宽度示意图

表 2-10 不同坡道的高度和水平长度的最低限定

坡道坡度	1:4	1:6	1:8	1:10	1:12	1:16	1:20
坡道高度(m)	0.15	0.30	0.45	0.60	0.75	0.90	1.20
坡道长度(m)	0.60	1.80	3.60	6	9	14	20

1. 无台阶入口（图 2-16）

1）无台阶平地入口室内外地面不应光滑，且不积水，室外地面排水坡度宜为 1%~2%。

2）地面滤水箅子孔的宽度不应大于 15mm。

3）入口的门上方须设防雨门头或雨罩。

2. 只设坡道的入口（图 2-17）

1）坡道入口的坡度不应大于 1:20~1:30；在坡道两侧宜设扶手。

2）坡道入口的净宽度不应小于 1.8m（挡台内侧边缘距离）。

3. 设台阶和坡道的入口（图 2-18）

（1）台阶的踏面不应光滑，三级及三级以上台阶两侧应设扶手，少于三级可不设扶手，应在两侧设挡台。

（2）坡道可设计成直线形、L 形、折返形。

（3）采用 1:12 坡道高度达到 0.75m（水平长度 9m），需设深度不小于 1.5m 休息平台。

（4）坡道的净宽度不应小于 1.2m（挡台内侧边缘距离）。

（5）坡道两侧应设扶手，扶手高 0.85m。扶手起点与终点应水平延伸 0.3m，扶手截面为 35~45mm。当坡道高度小于 0.45m（坡度小于 1:8）可在两侧设挡台，不设扶手。

（6）坡道的坡面应平整，不应光滑（不宜设防滑条和礓磜式坡面）。

（7）坡道的起点与终点的水平深度不应小于 1.5m。

4. 坡道坡度

不同坡道的高度和水平长度的最低限定（表 2-10）。

5. 入口平台（图 2-19）

（1）建筑入口的平台不应光滑，平台宽度应大于坡道宽度并符合轮椅通行与回转要求。

（2）高于两级台阶的平台，在不通行的边缘应设栏杆或挡台，挡台高度大于 100mm。

1. 道路缘石坡道无障碍设计

（1）单面坡缘石坡道

单面坡缘石坡道可采用方形、长方形或扇形；

方形、长方形单面坡缘石坡道应与人行道的宽度相对应；

扇形单面坡缘石坡道下口宽度不应小于 1.50m；

设在道路转弯处单面坡缘石坡道上口宽度不应小于 2.00m；

单面坡缘石坡道的坡度不应大于 1:20。

（2）三面坡缘石坡道正面坡道宽度不应小于 1.20m；正面及侧面的坡度不应大于 1:12。

2. 公交车站无障碍设计

（1）城市主要道路和居住区的公交车站，应设提示盲道（图 2–20）和盲文站牌。

（2）沿人行道的公交车站提示盲道应符合下列规定：

在候车站牌一侧应设提示盲道，其长度以 4.00~6.00m 为宜；

提示盲道的宽度应为 0.30~0.60m；

提示盲道距路边应为 0.25~0.50m；

人行道中有行进盲道时应与公交车站的提示盲道相连接；

由人行道通往分隔带的公交车站设宽度不应小于 1.50m、坡度不应大于 1:12 的缘石坡道；

公交车站设置盲文站牌的位置、高度、形式与内容应方便视力残疾者使用。

3. 无障碍停车位（图 2–21）

（1）残疾人专用的无障碍停车位应布置在距建筑入口、管理室最近的位置。

（2）无障碍停车位的地面应平整、坚固和不积水，地面坡度不应大于 1:50。

（3）停车位的一侧，应设宽度不小于 1.20m 的轮椅通道，应使乘轮椅者从轮椅通道直接进入人行通道到达目的地。

（4）停车车位一侧的轮椅通道与人行通道地面有高差时，应设宽 1.00m 的轮椅坡道。

（5）停车车位的地面应涂有停车线、轮椅通道线和无障碍标志，在停车车位的尽端宜设无障碍标志牌。

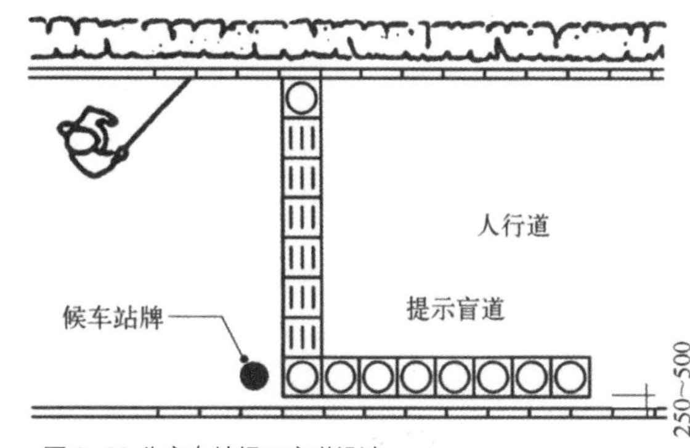

图 2–20 公交车站提示盲道设计

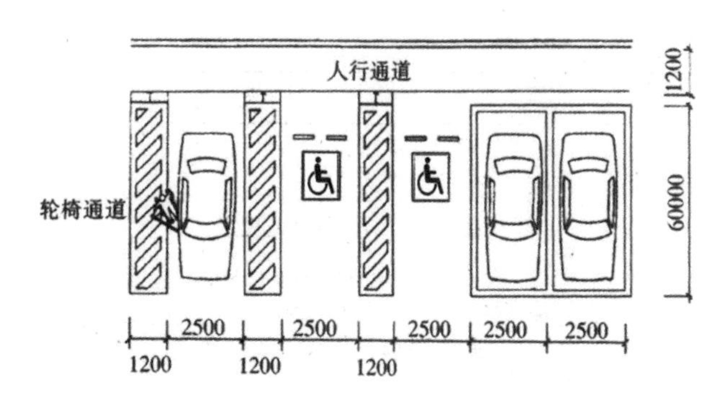

图 2–21 无障碍停车位与轮椅通道尺寸

地下管线之间的距离应符合表 2–11，2–12 的规定。

表 2–11 地下管线之间最小垂直净距（m）

<table>
<tr><th>管线名称</th><th>给水管</th><th>排水管</th><th>燃气管</th><th>热力管</th><th>电力电缆</th><th>电信电缆</th><th>电信管道</th></tr>
<tr><td>给水管</td><td>0.15</td><td>——</td><td>——</td><td>——</td><td>——</td><td>——</td><td></td></tr>
<tr><td>排水管</td><td>0.40</td><td>0.15</td><td>——</td><td>——</td><td>——</td><td>——</td><td>——</td></tr>
<tr><td>燃气管</td><td>0.15</td><td>0.15</td><td>0.15</td><td>——</td><td>——</td><td>——</td><td>——</td></tr>
<tr><td>热力管</td><td>0.15</td><td>0.15</td><td>0.15</td><td>0.15</td><td>——</td><td>——</td><td>——</td></tr>
<tr><td rowspan="2">电力电缆</td><td>直埋</td><td rowspan="2">0.15</td><td rowspan="2">0.50</td><td>0.50</td><td rowspan="2">0.50</td><td rowspan="2">0.50</td><td>——</td></tr>
<tr><td>在导管内</td><td>0.15</td><td>——</td></tr>
<tr><td rowspan="2">电信电缆</td><td>直埋</td><td>0.50</td><td>0.50</td><td>0.50</td><td rowspan="2">0.15</td><td rowspan="2">0.50</td><td rowspan="2">0.25</td></tr>
<tr><td>导管</td><td>0.15</td><td>0.15</td><td>0.15</td></tr>
<tr><td>电信管道</td><td>0.15</td><td>0.15</td><td>0.15</td><td>0.15</td><td>0.50</td><td>0.25</td><td>0.25</td></tr>
<tr><td>明沟沟底</td><td>0.50</td><td>0.50</td><td>0.50</td><td>0.50</td><td>0.50</td><td>0.50</td><td>0.50</td></tr>
<tr><td>涵洞基底</td><td>0.15</td><td>0.15</td><td>0.15</td><td>0.15</td><td>0.50</td><td>0.20</td><td>0.25</td></tr>
<tr><td>铁路轨底</td><td>1.00</td><td>1.20</td><td>1.20</td><td>1.20</td><td>1.00</td><td>1.00</td><td>1.00</td></tr>
</table>

表 2-12 地下管线之间最小水平距离（m）

<table>
<tr><th rowspan="3">序号</th><th rowspan="3" colspan="2">管线名称</th><th colspan="2">给水管</th><th colspan="2">排水管</th><th colspan="2">燃气</th><th colspan="2">电力电缆</th><th colspan="2">电信</th><th colspan="2">热力</th></tr>
<tr><th rowspan="2">d ≤ 200</th><th rowspan="2">d ＞ 200</th><th rowspan="2">雨水</th><th rowspan="2">污水</th><th rowspan="2">低压</th><th rowspan="2">中压</th><th>直埋</th><th>揽沟</th><th rowspan="2">直埋</th><th rowspan="2">管道</th><th rowspan="2">直埋</th><th rowspan="2">管沟</th></tr>
<tr><th colspan="2">< 35KV</th></tr>
<tr><td rowspan="2">1</td><td rowspan="2">给水管</td><td>d ≤ 200</td><td rowspan="2" colspan="2">—</td><td>1.0</td><td>1.0</td><td rowspan="2">0.5</td><td rowspan="2">0.5</td><td rowspan="2">0.5</td><td rowspan="2">0.5</td><td rowspan="2" colspan="2">1.0</td><td rowspan="2" colspan="2">1.5</td></tr>
<tr><td>d ≥ 200</td><td>1.5</td><td>1.5</td></tr>
<tr><td rowspan="2">2</td><td rowspan="2">排水管</td><td>雨水</td><td>1.0</td><td>1.5</td><td rowspan="2" colspan="2">—</td><td rowspan="2">1.0</td><td rowspan="2">1.2</td><td rowspan="2" colspan="2">1.5</td><td rowspan="2">1.0</td><td rowspan="2">1.0</td><td rowspan="2">1.5</td><td rowspan="2">1.5</td></tr>
<tr><td>污水</td><td>1.0</td><td>1.5</td></tr>
<tr><td rowspan="2">3</td><td rowspan="2">燃气管</td><td>低压</td><td>0.5</td><td>0.5</td><td colspan="2">1.0</td><td rowspan="2" colspan="2">—</td><td>0.5</td><td>0.5</td><td>0.5</td><td>0.5</td><td>1.0</td><td>1.0</td></tr>
<tr><td>中压</td><td>0.5</td><td>0.5</td><td colspan="2">1.2</td><td>1.0</td><td>1.0</td><td>1.0</td><td>1.0</td><td>1.5</td><td>1.5</td></tr>
<tr><td rowspan="2">4</td><td rowspan="2">电力电缆</td><td>直埋</td><td rowspan="2" colspan="2">0.5</td><td rowspan="2" colspan="2">0.5</td><td>0.5</td><td>0.5</td><td rowspan="2" colspan="2">—</td><td rowspan="2" colspan="2">0.5</td><td rowspan="2" colspan="2">2.0</td></tr>
<tr><td>揽沟</td><td>1.0</td><td>1.0</td></tr>
<tr><td rowspan="2">5</td><td rowspan="2">电信电缆</td><td>直埋</td><td rowspan="2" colspan="2">1.0</td><td rowspan="2" colspan="2">1.0</td><td>0.5</td><td>0.5</td><td rowspan="2" colspan="2">0.5</td><td rowspan="2" colspan="2">—</td><td rowspan="2" colspan="2">1.0</td></tr>
<tr><td>管道</td><td>1.0</td><td>1.0</td></tr>
<tr><td rowspan="2">6</td><td rowspan="2">热力管</td><td>直埋</td><td rowspan="2" colspan="2">1.5</td><td rowspan="2" colspan="2">1.5</td><td rowspan="2">1.0</td><td rowspan="2">1.5</td><td rowspan="2" colspan="2">2.0</td><td rowspan="2" colspan="2">1.0</td><td rowspan="2" colspan="2">—</td></tr>
<tr><td>管道</td></tr>
</table>

（1）用地内各种管线需与城市管线衔接，其中，雨水、污水管线标高要与城市相关管线标高协调。

（2）管线布置应满足安全使用要求，并综合考虑其与建筑物、道路、环境相互关系和彼此间可能产生的影响。

（3）管线走向宜与主体建筑、道路及相邻管线平行。地下管线应从建筑物向道路方向由浅至深敷设。

（4）管线布置力求线路短，转弯少，并减少与道路和其他管线交叉。在困难条件下其交角不应小于 45°。

（5）管线布置力求不横穿绿地，并留有道路行道树的位置。

（6）各种管线的埋设顺序一般按照管线的埋设深度，其从上往下顺序一般为：通讯电缆、热力、电力电缆、燃气管、给水管和污水管。

（7）在车行道下管线的最小覆土厚度，燃气管为 0.8m，其他管线为 0.7m。严寒地区及特殊土质，最小覆土厚度按相关规定确定。

（8）室外各种管线管沟盖、检查井，应尽量避免布置在重点景观绿化部位。

竖向设计

1. 竖向设计的内容

（1）制定利用与改造地形的方案，合理选择、设计场地的地面形式。

（2）确定场地坡度、控制点高程，使之与建筑、道路等的标高合理连接。

（3）制定合理排除地面、路面雨水的方案。

（4）制定合理利用、储存和收集雨水的方案。

（5）合理组织场地的土方工程和防护工程。

2. 竖向设计的方法

（1）等高线法：等高线法是表示地形的最基本的图示方法（图3-1，3-3）。当地形复杂且面积较大时，宜采用等高线法。每条等高线上须标明高程，同一图面上每两条相邻等高线之间的等高距须相同，且不应出现两套不同体系的高程，如：两处山体，一处等高线高程分别为 1.00、2.00、3.00，另一处为 1.50、2.50、3.50。

（2）高程点标注法：高程点通常采用绝对标高标注，如采用相对标高，则应注明相对标高与绝对标高的换算关系。通常应在下列位置标注：

室外构筑物标注其有代表性的标高，并用文字注明标高所指的位置；

道路标注路面中心或变坡点标高；

挡土墙标注墙顶和墙角标高，路堤、边坡标注坡顶和坡底标高，排水沟标注沟顶和沟底标高；

场地、绿地标注其控制位置标高；

人工水体应标注设计水面标高和设计水底标高。

3. 关于坡向箭头线

竖向图中的箭头线用来表示地表坡向，箭头指向高程低的地方。线上的数字表示坡度（%），即两高程点之间竖向高差与水平距离的百分比；线下的数字表示两高程点之间的距离（图 3-2）。

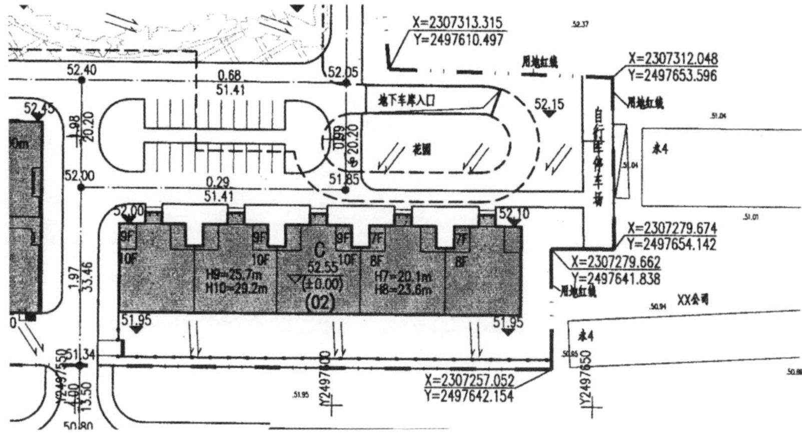

图 3-2 高程点标注法

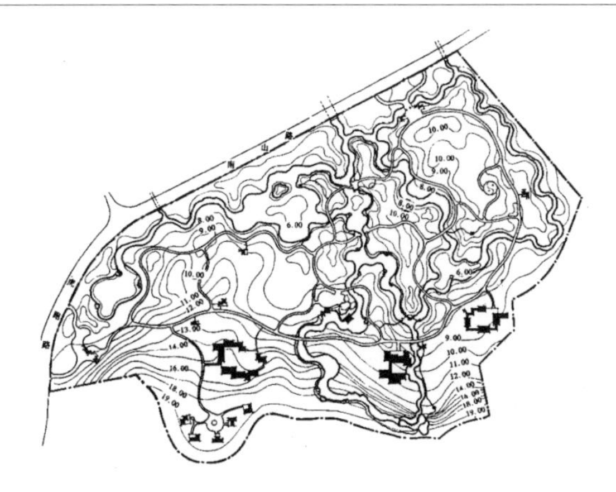

图 3-1 等高线表示公园的地形变化

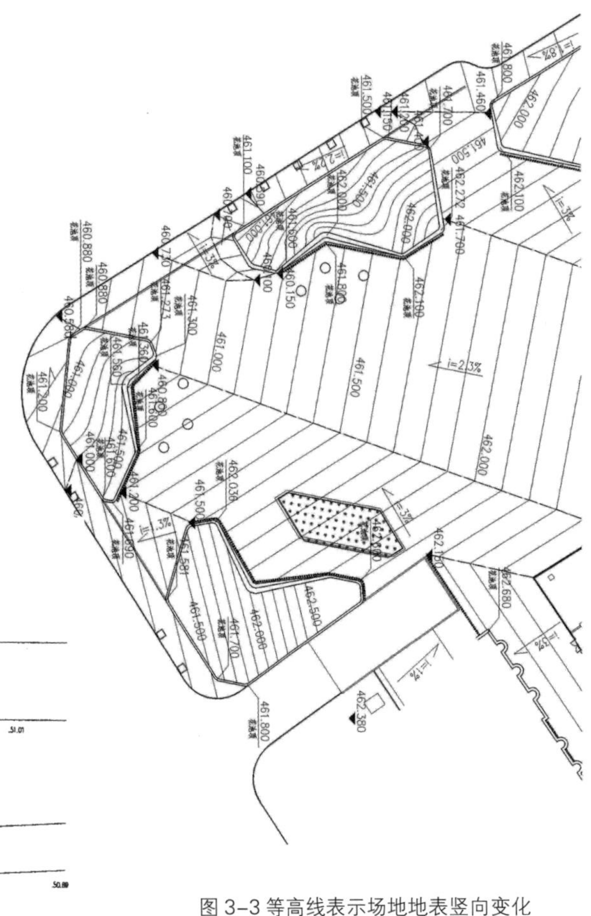

图 3-3 等高线表示场地地表竖向变化

1. 地形

地形是所有室外建设的基础，在设计的运用中既是一个美学要素又是一个实用要素。地形就是地表的形态，山谷、高山、平原、丘陵称为大地形；景观设计中的土丘、台地、斜坡、平地，或由台阶或坡道连接的水平面变化的地形，一般称为小地形；起伏最小的称为微地形。

2. 因地制宜

设计时首先要考虑到自然地形的特点，在原有地形的基础上，结合景观的功能、美学等要求，加以改造和利用，对原地形坚持“改造为辅，利用为主”的原则，寻找最适合场地的设计方法，使土方工程量降到最小的限度（图 3–4）。

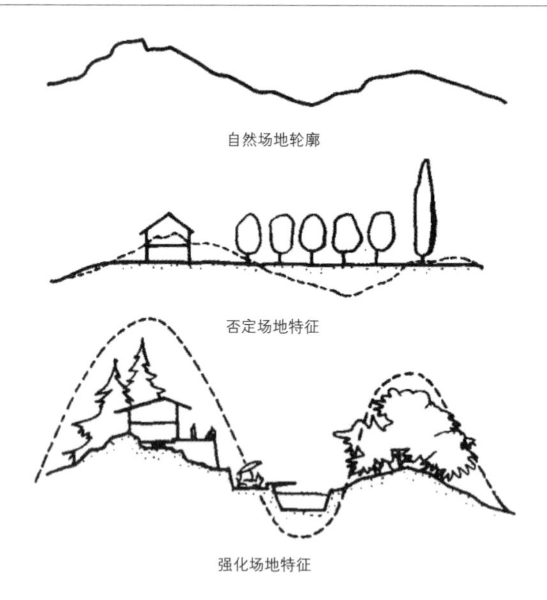

图 3–4 因地制宜

3. 美学特征

地形设计可以塑造现状地形经常缺乏的雕塑感，营造出游憩活动场地、水面、山林等开敞、半开敞、郁闭景观空间，形成优美的景观韵律以及丰富的景观层次（图 3–5）。

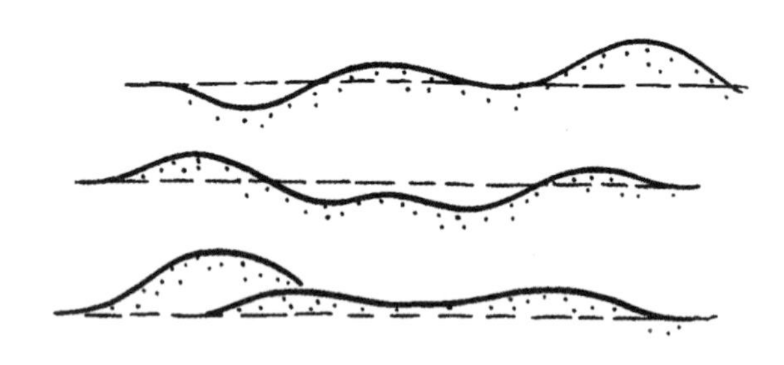
图 3–5 通过地形设计塑造优美的地形韵律

4. 改善环境

地形可影响光照、风速、降水量等，利用地形还可以作为视线与声音的屏障，达到改善环境舒适度，提升环境品质的目的（图 3–6）。

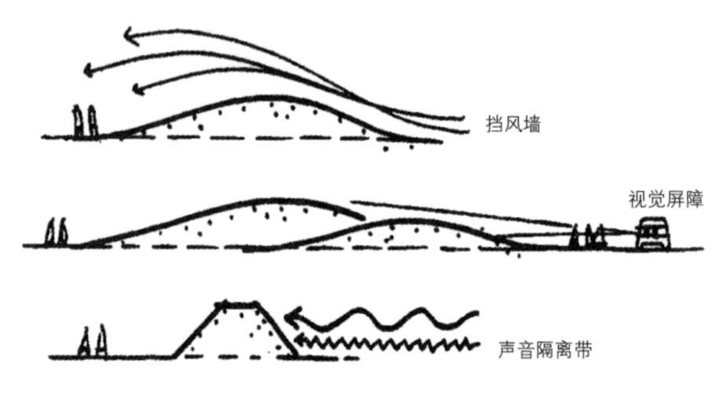

图 3–6 改善环境

5. 使用功能

地形设计可以为人们提供各种不同的景观活动空间（表 4–1）。

表 4–1 地形类型与其景观特性

地形类型		景观特性
平地		①坡度＜ 3%，较为平坦的地形，如草坪、广场；②具有统一、协调景观的作用；③有利于植物景观的营造和园林建筑的布局；④便于开展各种室外活动
坡地	缓坡	①坡度 3%~12% 的倾斜地形，如微地形、平地与山体的连接、临水台；②能够营造变化的竖向景观；③可以开展一些室外活动
	陡坡	①坡度＞ 12% 的倾斜地形；②便于欣赏低处的风景，可以设置观景台 ③园路应设计成梯道；④一般不能作为活动场地
山体		①分为可登临的和不可登临的山体；②可以构成风景，也可以观看周围风景；③能够创造空间、组织空间序列
假山		①可以划分和组织园林空间；②成为景观焦点；③山石小品可以点缀园林空间，陪衬建筑、植物等；④作为驳岸、挡土墙、花台等

6. 空间感受

用地形界定人们户外活动的范围，营造不同的气氛和空间感受，引导和阻挡不同的景观视线（图3–7，图3–8）。

7. 工程技术

地形设计需合理衔接山高与坡度的关系，各类景观场地的排水坡度，挡土墙的合理稳定性等问题，以免发生如陆地内涝、水面泛滥或枯竭、岸坡崩坍等工程事故。

8. 营造小气候

地形形成的各种小环境有利于不同生态习性的园林植物生长，根据植物不同的耐荫、喜光、耐旱等类型，在山体的不同坡面或围合的场地选择合适品种，既有利于植物生长，又能形成不同的植物群落景观（图3–9，图3–10）。

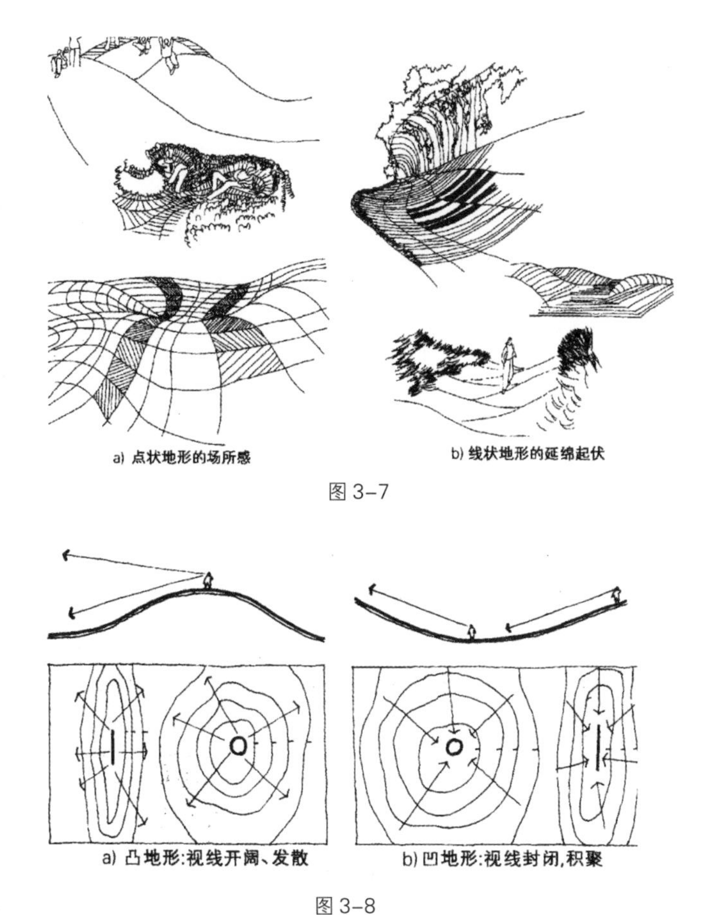

a) 点状地形的场所感　b) 线状地形的延绵起伏

图3–7

a) 凸地形:视线开阔、发散　b) 凹地形:视线封闭,积聚

图3–8

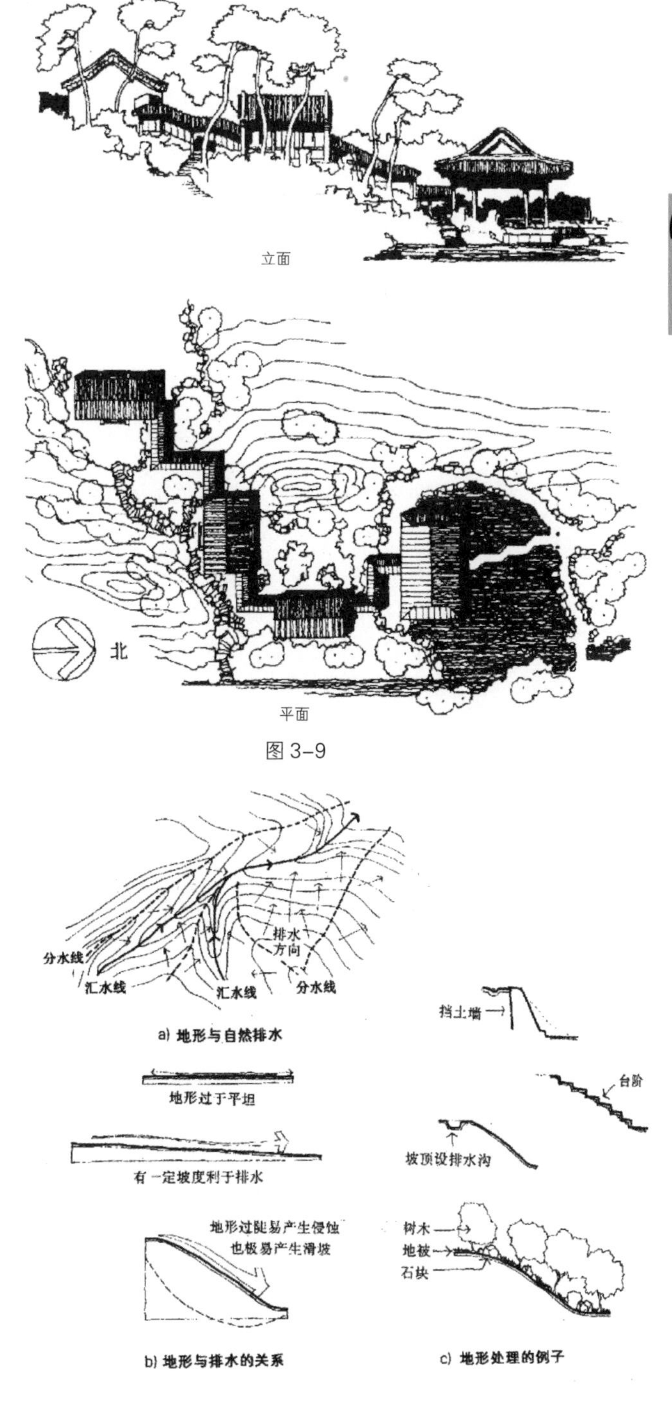

图3–9

a) 地形与自然排水　b) 地形与排水的关系　c) 地形处理的例子

图3–10

6. 雨水的收集

常年雨水贫乏地区，应合理利用和收集地面雨水，有效控制不可渗透地表的面积，设置阻水设施，减缓径流速度，增强雨水下渗，减少水分蒸发和流失，并安排储存和处理设施。

（1）设置雨水下渗设施，使硬质地表雨水就近下渗。但须结合场地和土质情况，保证雨水下渗设施不影响建筑物和构筑物的正常使用。

（2）利用绿地，使雨水就地下渗。使路面设计标高高于绿地地面标高 0.05~0.1m，并确保雨水顺畅流入绿地。

（3）设置无硬化铺装的浅沟或洼地，使雨水就地下渗。但集水深度不宜超过 0.3m。

（4）采用渗水地面构造，铺装渗水材料（如渗水砖等）或渗水路肩（如干铺的碎石、卵石、渗水砖等），使雨水就地下渗。

（5）采用道路渗水立缘石，使路面雨水从侧面就地下渗。

（6）设置雨水收集储存和处理设施（图 3–11），使地面雨水就近收集储存以便再利用。采用地下管网，将雨水收集到储水设施。

（7）通过合理的地面坡度，使雨水流向雨水收集设施（如蓄水池等）。

（8）利用人工或景观水体，将雨水就地储存。

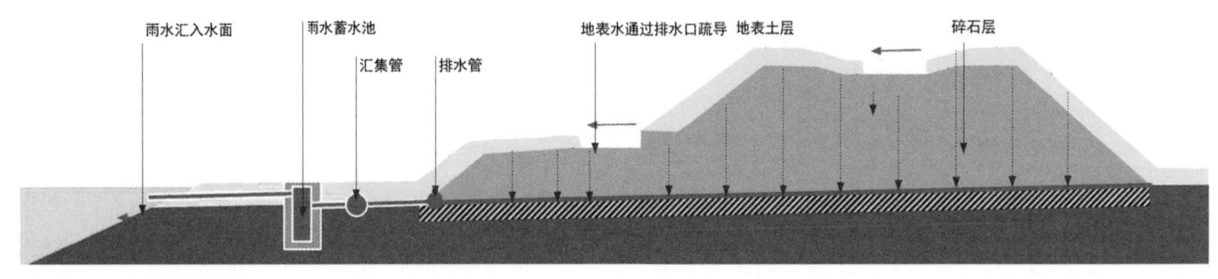

图 3–11 雨水收集示意图

1. 建筑场地

建筑场地的地面坡度不应小于 0.2%；当自然地形坡度小于 5% 时，建筑应采取平坡式布置；当地面坡度大于 8% 时，建筑宜采用台阶式布置，台阶的高度宜为 1.5 ~ 3.0m，台阶之间应设挡土墙或护坡连接。

2. 各种场地坡度要求（表 3–1）

表 3–1 各种场地坡度要求

场地名称	使用坡度（%）	最大坡度（%）	备注
密实性地面和广场	0.3~3.0	3.0	广场可根据其形状、大小、地形，设计成单面坡、双面坡或多面坡。平原地区最大坡度应为 1%，丘陵和山区最大坡度应为 3%
停车场	0.25~0.5	1.0~2.0	
室外场地 ①儿童游戏场 ②运动场 ③杂用场地 ④一般场地	0.3~2.5 0.2~0.5 0.3~3.0 0.2	——	——
湿陷性黄土地面	0.5~7.0		

3. 室外运动场

室外运动场地应有良好的排水条件，全场外侧应设有漏水盖板排水沟（如足球场、篮球场、网球场）。排水坡度和排水方式如下：

（1）足球场：场地排水坡度 0.3%~0.8%。天然草坪的坡度宜为不大于 0.5%；人工场地：有渗水设施的坡度宜不大于 0.3%，无渗水设施的坡度宜不大于 0.8%（图 3–12）。

（2）篮球场：场地排水坡度宜不大于 0.6%~0.8%（图 3–13）。

（3）网球场：场地排水坡度宜不大于 0.5%~1%（图 3–14）。

（4）田径场地：沿跑道内侧和全场外侧分别各设一道环形有漏水盖板的排水沟。足球场，两端也宜设一道排水沟与跑道内侧的环形排水沟相连（图 3–15）。

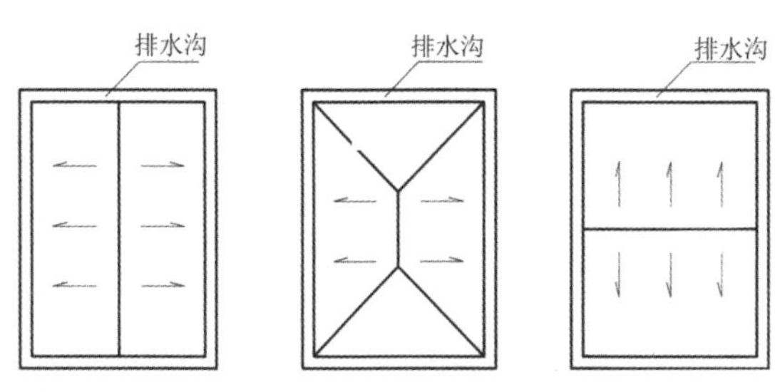

图 3–12

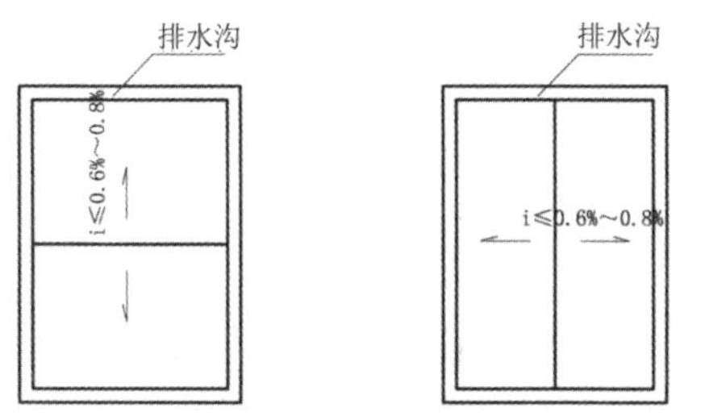

图 3–13 篮球场地排水沟位置及排水坡度示意图

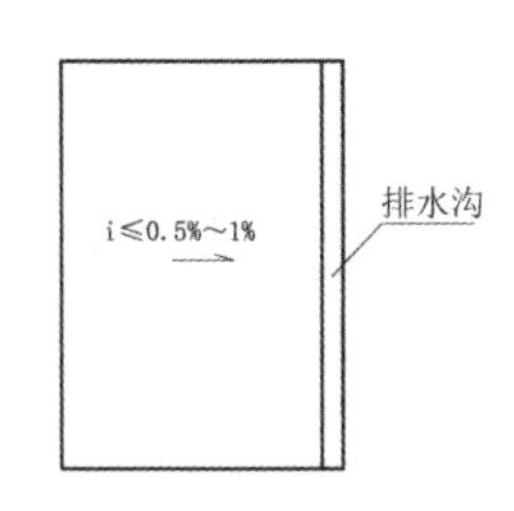

图 3–14 网球场地排水沟位置及排水坡度示意图

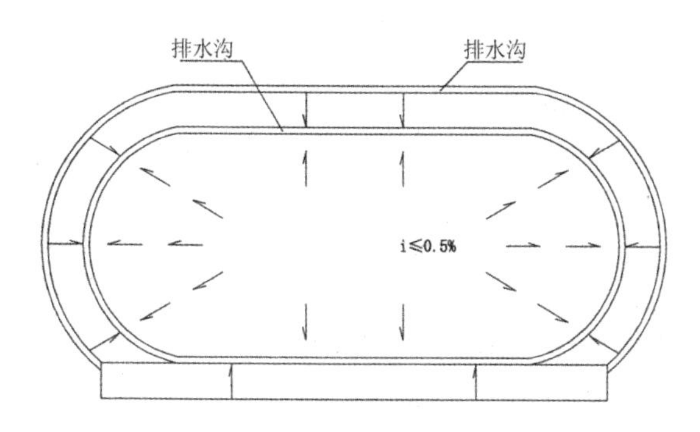

图 3–15 田径场地排水沟位置及排水坡向示意图

3

4. 园林景观中各种设施的坡度要求分类（表 3-2）。

表 3-2 各种场地排水坡度（%）

设施	最高（%）	最低（%）
道路（混凝土）	8	0.5
停车场（混凝土）	5	0.5
服务区（混凝土）	5	0.5
进入建筑物的主要通道	4	1
建筑物的门廊或入口	2	1
服务步道	8	1
斜坡	10	1
轮椅斜坡	8.33	1
阳台及坐憩区	2	1
游憩用的草皮区	3	2
低湿区	10	2
已整草地	3:1（坡度比）	–
未整草地	2:1（坡度比）	–

5. 常用和极限坡度范围（表 3-3）。

表 3-3 常用和极限坡度范围

内容	极限坡度（%）	常用坡度（%）	内容	极限坡度（%）	常用坡度（%）
主要道路	0.5~10	1~8	停车场地	0.5~8	1–5
次要道路	0.5~20	1~12	运动场地	0.5~2	0.5~1.5
服务车道	0.5~15	1~10	游戏场地	1~5	2~3
边道	0.5~12	1~8	平台和广场	0.5~3	1~2
入口道路	0.5~8	1~4	铺装明沟	0.25~100	1~50
步行坡道	≤ 12	≤ 8	自然排水沟	0.5~15	2~10
停车坡道	≤ 20	≤ 15	铺草坡面	≤ 50	≤ 33
台阶	25~50	33–50	种植坡面	≤ 100	≤ 50

注：（1）铺草与种植坡面的坡度取决于土壤类型。
（2）需要修整的草地，以 25% 的坡度为好。
（3）当表面材料滞水能力较小时，坡度的下限可酌情下降。
（4）最大坡度还应考虑当地的气候条件，较寒冷的地区、雨雪较多的地区，坡度上限应相应的降低。
（5）在使用中还应考虑当地的实际情况和使用标准。

6. 绿地排水坡度

（1）山坡、谷底必须保持水土稳定。当土坡超过土壤自然安息角呈不稳定时，必须采用挡土墙、护坡等技术措施，防止水土流失或滑坡。

（2）人工土山堆置高度应与堆置范围相适应。并应防止滑坡、沉降而破坏周边环境。

（3）地形应为植物种植设计、给排水设计创造良好的条件，为植物生长和雨水排蓄创造必要条件。

（4）人力剪草机修剪的草坪坡度不应大于 25%。

（5）绿地排水坡度（表 3–4）。

6）地形设计坡度、斜率、倾角（图 3–16）。

表 3–4 绿地排水坡度要求

地表类型	最大坡度	最小坡度	适宜坡度
草地	33	1.0	1.5~10
运动草地	2	0.5	1
栽植草地	视土质而定	0.5	3~5

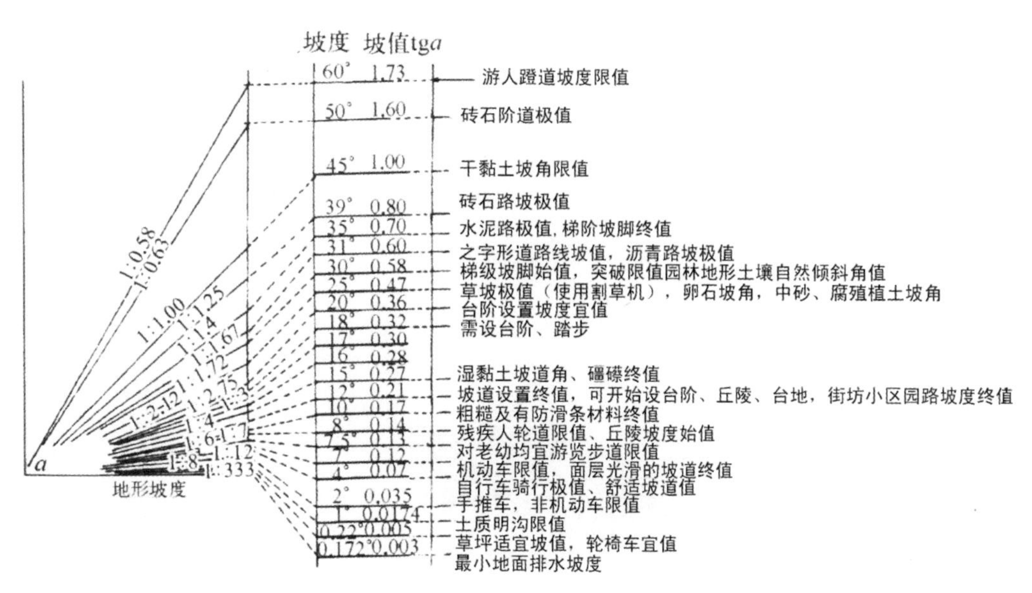

图 3–16 地形设计坡度、斜率、倾角示意图

1. 估算法

估算法主要适用于一些椎体、棱台等简单的地形单体，可以采用相近的几何体体积公式来计算。估算法有时与方格网法一起使用，用来计算用地中不同形式的场地土方工程量（图 3–17）。

2. 断面法

断面法是以一组等距的互相平行的界面将拟计算的地块、地形单体和土方工程分截成段，一般按 10~30m 一段，分段测出分段线的起伏变换点的标高。将分段长度乘分段中点处几何形面积，再将乘积累计相加，求得总土方量。广泛适用于山体、溪涧、池岛、路堤、路堑、沟渠、路槽等土方量的计算（图 3–18，3–19）。

3. 方格网法

方格网法主要适用于将原来高低不平的、比较破碎的地形整理成为较平坦的场地，如建筑场地、广场、停车场、体育场等的土方量计算。

计算时先把用地范围地面划分成若干正方格。方格每边长依照要求计算结果的精确程度决定，一般可取 20m 或 40m 一格。详细计算可取 5m 一格，格的角点为十字交叉的点，称为十字点。十字点的右下方写现状地形标高，右上方写设计地形标高，左上方写设计标高之差。“+”代表填土，“–”代表挖土，挖方和填方之间的界线根据高差计算得出，称为零线，用虚线表示。计算每个方格中的填挖量，标在方格中。填挖方总量填入横条统计表（图 3–20）。

4. 土方平衡表

用各种方法计算求得的土方量指标最终填入土方平衡表中（表 3–5）。

表 3–5 土方平衡表

项目		单位	数量	备注
土石方工程量	挖方	m^3		
	填方			
	总量			
土石方平衡余缺量	余方	m^3		
	缺方			
挖方最大深度		m		
填方最大深度	m			
道路管线土方量	m^3			
挡土墙工程量	m^3			
	挖方	m^3		
	填方	m^3		
备注				

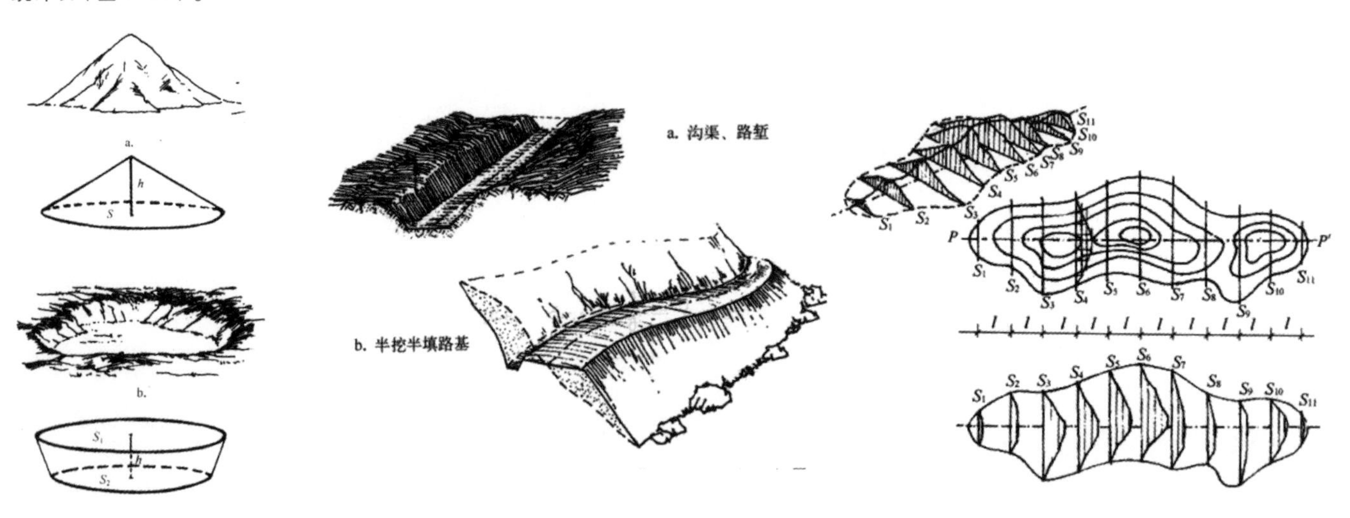

图 3–17 用近似的几何体估算土方工程量　图 3–18 断面法计算沟渠、路堑、路基土方工程量　图 3–19 断面法计算带状土山土方工程量

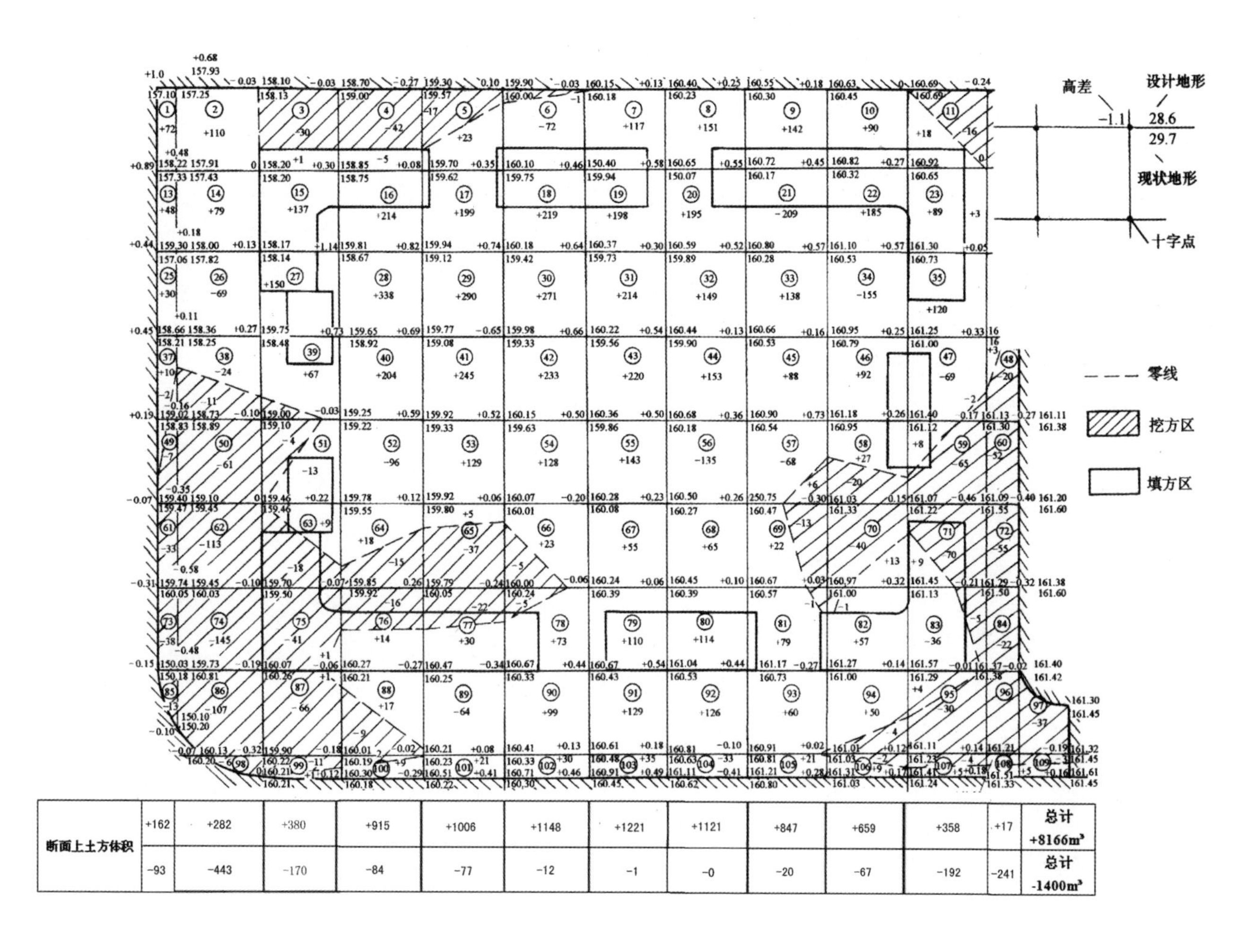

断面上土方体积													
	+162	+282	+380	+915	+1006	+1148	+1221	+1121	+847	+659	+358	+17	总计 +8166m³
	-93	-443	-170	-84	-77	-12	-1	-0	-20	-67	-192	-241	总计 -1400m³

图 3–20 方格网法计算土方工程量

公园设计

1. 城市公园概述

现代意义上的城市公园起源于美国，由美国景观设计学的奠基人弗雷德里克·劳·奥姆斯特德 (Frederick Law Olmsted) 提出在城市兴建公园的伟大构想，早在 10 多年前，他就与沃克 (Calvert Vaux) 共同设计了纽约中央公园（1858–1876 年）。这一事件不仅开现代景观设计学之先河，更为重要的是，她标志着城市公众生活景观的到来。公园，已不再是少数人所赏玩的奢侈品，而是普通公众身心愉悦的空间。

城市公园的传统功能主要就是在满足城市居民的休闲需要，提供休息、游览、锻炼、交往，以及举办各种集体文化活动的场所。近年来城市公园在改善生态和预防灾害方面的功能得到加强。现代城市充斥着各种建筑物，过于拥挤，存在缺乏隔离空间、救援通道等问题，城市公园的建设则是一个一举多得的解决办法。另外，近年来随着城市旅游的兴起，许多知名的大型综合公园以其独特的品位率先成为都市重要的旅游吸引物，城市公园也起到了城市旅游中心的功能。

城市公园也是城市绿化美化、改善生态环境的重要载体，特别是大批园林绿地的建设，不仅在视觉上给人以美的享受，而且对局部小气候的改造有明显效果，使粉尘、汽车尾气等得到有效抑制，在改善现代城市生态和居住环境方面有着十分重要的作用。

2. 城市公园的起源

在中世纪及其之前的城市并不存在任何城市花园，那时城市最重要的功能是防卫。文艺复兴时期意大利人阿尔伯蒂首次提出了建造城市公共空间应该创造花园用于娱乐和休闲，此后花园对提高城市和居住质量的重要性开始被人们所认识。城市公园作为大工业时代的产物，从发生来讲有两个源头：

一个是贵族私家花园的公众化，即所谓的公共花园，这就使公园仍带有花园的特质。17 世纪中叶，英国爆发了资产阶级革命，武装推翻了封建王朝，建立起土地贵族与大资产阶级联盟的君主立宪政权，宣告资本主义社会制度的诞生。不久，法国也爆发了资产阶级革命，继而革命的浪潮席卷全欧。在“自由、平等、博爱”的口号下，新兴的资产阶级没收了封建领主及皇室的财产，把大大小小的宫苑和私园都向公众开放，并统称为公园（Public Park）。1843 年，英国利物浦市动用税收建造了公众可免费使用的伯肯海德公园（Birkinhead Park），标志着第一个城市公园正式诞生。

另一个源头源于社区或村镇的公共场地，特别是教堂前的开放草地。早在 1643 年，英国殖民者在波士顿购买了 18.225km^2 的土地为公共使用地。自从 1858 年纽约开始建立中央公园以后，全美各大城市都建立了各自的中央公园，形成了公园运动。

3. 城市公园的内涵

行业标准 CJJ/ T 91 – 2002 J 217 – 2002 园林基本术语标准定义公园：公园是公众游览、观赏、休憩、开展户外科普、文体及健身等活动，向全社会开放，有较完善的设施及良好生态环境的城市绿地。城市公园包含以下几个方面的内涵：首先，城市公园是城市公共绿地的一种类型；其次，城市公园的主要服务对象是城市居民，但随着城市旅游的开展及城市旅游目的地的形成，城市公园将不再单一的服务于市民，也将服务于旅游者；再次，城市公园的主要功能是休闲、游憩、娱乐，而且随着城市自身的发展及市民、旅游者外在需求的拉动，城市公园将会增加更多的休闲、游憩、娱乐等主题的产品。

4. 城市公园的分类

《城市绿地分类标准》按城市公园的主要功能和内容，将其分为综合公园、社区公园、专类公园、带状公园和街旁绿地 5 类。

①城市公园的一般分类：居住区小游园、邻里公园、社区公园、区级综合性公园、市级综合性公园、线型公园（滨河绿带、道路公园）、专类公园等。 ②按服务半径分类：邻里公园、社区性公园、全市性公园等。 ③按面积分类：邻里性小型公园（面积 2hm^2 以下）、地区性小型公园（面积在 2~20 hm^2 之间）、都会性大型公园（面积 20~100hm^2 之间）、河滨带状型公园（面积 5~30hm^2 之间）等。 ④按设置机能分类：生态绿地系统、防灾绿地系统、景观绿地系统、游憩绿地系统等。 ⑤按公园功能、位置、使用对象分类：自然公园、区域公园、综合公园、河滨公园、邻里公园。

1. 地方性原则

应尊重传统文化和乡土知识，吸取当地人的经验。应以场所的自然过程为依据，这些自然过程包括场所中的阳光、地形、水、风、土壤、植被及能量等，将这些因素结合到设计中，从而维护场所的健康运行。设计应就地取材，当地植物和建材的使用，是设计生态化的一个重要方面。

2. 整体性原则

城市公园是一个协调统一的有机整体，应当注重保持其发展的整体性，景观规划要从城市的整体出发，以城市的空间目标与生态目标为依据，考虑公园建设在什么位置、建设成什么性质和多大的规模，采用适宜的景观规划方式，从宏观上真正发挥城市公园景观改善居民生活环境，塑造城市形象、优化城市空间的作用。

3. 异质性原则

景观异质性导致景观复杂性与多样性，从而使景观生机勃勃，充满活力，趋于稳定。

4. 多样性原则

城市生物多样性包括景观多样性，是城市人们生存与发展的需要，是维持城市生态系统平衡的基础。

5. 景观连通性原则

景观生态学名用于城市景观规划，特别强调维持与恢复景观生态过程与格局的连续性和完整性，即维护城市中残遗，绿色斑块，湿地自然斑块之间的空间联系。这些空间联系的主要结构是廊道，如水系廊道等。滨水地带是物种最丰富的地带，也是多种动物的迁移通道。

6. 生态位原则

所谓生态位，即物种在系统中的功能作用以及时间与空间中的地位。合理配置选择植物群落。在有限的土地上，根据物种的生态位原理实行乔、灌、藤、草、地被植被及水面相互配置，并且选择各种生活型（针阔叶、常绿落叶、旱生湿生水生等）以及不同高度和颜色、季相变化的植物，充分利用空间资源，建立多层次、多结构、多功能科学的植物群落，构成一个稳定的长期共存的复层混交立体植物群落。

7. 景观整体优化原则

从景观生态的角度上看，城市公园即是一个特定的景观生态系统，包含有多种单一生态系统与各种景观要素。为此，应对其进行优化。首先，加强绿色基质。其次，强调景观的自然过程与特征，设计将公园融入整个城市生态系统，强调公园绿地景观的自然特性，优先考虑湖面、河流的完整性与可修复性，控制人工建设对水体与植被的破坏，力求达到自然与城市人文的平衡。

8. 以人为本原则

以人为本创造公园景观，应充分认识到人在公园中的主体地位和人与环境的双向互动关系，保证人与自然的健康发展和人与环境景观的融合协调，强调人在公园的主体地位。人是公园空间的主体，任何景观都应以人的需求为出发点，体现对人的关怀，满足人的生理和心理需求，营造优美的环境（图 4–1）。

图 4–1 服务于现代城市的公园绿地（a，b）

1. 生态功能

城市公园是城市绿地系统中最大的绿色生态斑块，是城市中动植物资源最为丰富之所在，被人们亲切地称之为“城市的肺”、“城市的氧吧”。城市公园对于改善城市生态环境、保护生物多样性起着积极的、有效的作用（图 4-2）。

2. 空间景观功能

城市土地的深度开发使城市景观趋向于破碎化，城市由工业化阶段向后工业化阶段转变的过程中就出现了城市景观严重破碎的问题。而城市公园在措施得当的前提下，可以重新组织构建城市的景观，组合文化、历史、休闲的要素，使城市重新焕发活力。城市公园甚至成为城市重要的节点、标志物。

3. 防灾功能

在很多地震多发的地区，城市公园还担负着防灾避难功能，尤其是处于地震带上的城市，防灾避难的功能显得格外重要。近年来的地震，都让我们认识到防灾意识的提高以及防灾、避难场所建设在城市发展中的重要性，而城市公园在承担防灾、避难功能上显示了其强大作用。

4. 美育功能

从城市公园诞生开始，它就被赋予了美学的意义。传统艺术、现代艺术的各种流派，或多或少地都能在城市公园中找到它们的踪迹。城市公园融生态、文化、科学、艺术为一体，符合人对环境综合要求的生态准则，能更好的促进人类身心健康，陶冶人们的情操，提高人们的文化艺术修养水平、社会行为道德水平和综合素质水平，全面提高人民的生活质量（图 4-3）。

图 4-2 北京奥林匹克森林公园生态水岸

图 4-3 北京奥林匹克森林公园北园花卉景观

图 4–4 场地平整

公园范围内的现状地形、水体、建筑物、构筑物、植物、地上或地下管线和工程设施，必须进行调查，作出评价，提出处理意见。分析内容如下：

（1）城市绿地总体规划与公园的关系，以及对公园设计上的要求。城市绿地规划图，比例尺为 1:5000（1:10000）。

（2）场地周围的环境关系，环境特点，未来发展情况。如周围有无名胜古迹、人文资源等。场地周围城市景观、建筑形式、体量、色彩等与周围市政的交通关系；人流集散方向，周围居民的类型（图 4–4）。

（3）该地段的能源情况，电源、水源以及排污、排水，周围是否有污染源，如有毒害的工矿企业、传染病医院等情况。

（4）规划用地的水文、地质、地形、气象等方面的资料。了解地下水位、年与月降水量，年最高最低气温的分布时间，年最高最低湿度及其分布时间，季风风向、最大风力、风速以及冰冻线深度等（图 4–5）。

（5）重要或大型园林建筑规划位置尤其需要地质勘察资料。

（6）植物状况。了解和掌握地区内原有的植物种类、生态、群落组成，还有树木的年龄、观赏特点等。

（7）建园所需主要材料的来源与施工情况，如苗木、山石、建材等情况。

图 4–5 水文测量

公园的总体设计应根据批准的设计任务书，结合现状条件对功能或景区划分、景观构想、景点设置、出入口位置、竖向及地貌、园路系统、河湖水系、植物布局以及建筑物和构筑物的位置、规模、造型及各专业工程管线系统等作出综合设计。

1. 城市公园游人容量

公园设计必须确定公园的游人容量，作为计算各种设施的容量、个数、用地面积以及进行公园管理的依据。

公园游人容量应按下式计算：

$C = A/Am$

式中 C——公园游人容量（人）

A——公园总面积（m^2）

Am——公园游人人均占有面积（m^2/人）

市、区级公园游人人均占有公园面积以 $60m^2$ 为宜，居住区公园、带状公园和居住小区游园以 $30m^2$ 为宜；近期公共绿地人均指标低的城市，游人人均占有公园面积可酌情降低，但最低游人人均占有公园的陆地面积不得低于 $15m^2$。风景名胜公园游人人均占有公园面积宜大于 $100m^2$。水面和坡度大于 50% 的陡坡山地面积之和超过总面积的 50% 的公园，游人人均占有公园面积应适当增加，其指标应符合表 4–1 的规定。

2. 园内主要用地比例

公园内部用地比例应根据公园类型和陆地面积确定。其绿化、建筑、园路及铺装场地等用地的比例应符合表 4–2 的规定。

表中Ⅰ、Ⅱ、Ⅲ三项上限与Ⅳ下限之和不足 100%，剩余用地应供以下情况使用：其一一般情况增加绿化用地的面积或设置各种活动用的铺装场地、院落、棚架、花架、假山等构筑物；其二公园陆地形状或地貌出现特殊情况时园路及铺装场地的增值。但公园内园路及铺装场地用地，在符合下列条件之一时可按规定值适当增大，但增值不得超过公园总面积的 5%。条件包括：公园平面长宽比值大于 3，公园面积一半以上的地形坡度超过 50%，水体岸线总长度大于公园周边长度。

图 4–6 节假日期间容易产生集中客流

表 4–1 水面和陆坡面积较大的公园游人人均占有面积指标

水面和陆坡面积占总面积比例（%）	0–50	60	70	80
近期游人占有公园面积（m^2/人）	≥ 30	≥ 40	≥ 50	≥ 75
远期游人占有公园面积（m^2/人）	≥ 60	≥ 75	≥ 100	≥ 150

3. 公园内部用地比例(%)(表4-2)

公园用地比例应根据公园类型和陆地面积确定。制定公园用地比例目的在于确定公园的绿地性质，以免公园内建筑及构筑物面积过大，破坏环境、破坏景观。

注：

公园的陆地面积指供游览及管理用地去除水面后的全部陆地面积。

Ⅰ——园路及铺装场地指公园内供通行的各级园路和集散场地，不包含活动场地。

Ⅱ—— 建筑指公园内各种休息、游览、服务、共用、管理建筑。

Ⅲ—— 各种建筑基底所占面积。

Ⅳ—— 绿化用地指公园用以栽植乔木、灌木、花卉和草地的用地。

表4-2 公园内部用地比例

陆地面积（hm^2）	用地类型	公园类型							
		综合公园	儿童公园	动物园	植物园	风景名胜公园	居住区公园	带状公园	街旁公园
< 2	Ⅰ	---	15~25	---	---	---	---	15~30	15~30
	Ⅱ	---	< 1	---	---	---	---	< 0.5	---
	Ⅲ	---	< 4	---	---	---	---	2.5	< 1
	Ⅳ	---	> 65	---	---	---	---	> 65	> 65
2–5	Ⅰ	---	10~20	---	---	---	10~20	15~30	15~30
	Ⅱ	---	< 1	---	---	---	< 0.5	< 0.5	---
	Ⅲ	---	< 4	---	---	---	< 2.5	2.5	< 1
	Ⅳ	---	> 65	---	---	---	> 75	> 65	> 65
5–10	Ⅰ	8~18	8~18	---	---	---	8~18	10~25	10~25
	Ⅱ	< 1.5	< 2	---	---	---	< 0.5	< 0.5	< 2
	Ⅲ	> 5.5	< 4.5	---	---	---	< 2	< 1.5	< 1.5
	Ⅳ	> 70	> 65	---	---	---	> 75	> 70	> 70
10–20	Ⅰ	5~15	5~15	---	---	---	---	10~25	---
	Ⅱ	< 1.5	< 2	---	---	---	---	< 0.5	---
	Ⅲ	< 4.5	< 4.5	---	---	---	---	0.5	---
	Ⅳ	> 75	> 70	---	---	---	---	> 70	---
20–50	Ⅰ	5~15	---	5~15	5~10	---	---	5~15	---
	Ⅱ	< 1	---	< 1.5	< 0.5	---	---	< 1.5	---
	Ⅲ	< 4	---	< 12.5	3.5	---	---	< 12.5	---
	Ⅳ	> 75	---	> 70	> 85	---	---	> 70	---
> 50	Ⅰ	5~10	---	5~10	3~8	3~8	---	---	---
	Ⅱ	< 1	---	< 1.5	< 0.5	< 0.5	---	---	---
	Ⅲ	< 3	---	< 11.5	< 2.5	< 2.5	---	---	---
	Ⅳ	> 80	---	> 75	> 85	> 85	---	---	---

1. 出入口

应根据城市规划和公园内部布局要求，确定游人主、次和专用出入口的位置；需要设置出入口内外集散广场、停车场、自行车存车处者，应确定其规模要求。

2. 河湖水系

应根据水源和现状地形等条件，确定园中河湖水系的水量、水位、流向；水闸或水井、泵房的位置；各类水体的形状和使用要求。游船水面应按船的类型提出水深要求和码头位置；游泳水面应划定不同水深的范围；观赏水面应确定各种水生植物的种植范围和不同的水深要求。

3. 植物系统

应根据当地的气候状况、园外的环境特征、园内的立地条件，结合景观构想、防护功能要求和当地居民游赏习惯确定，应做到充分绿化和满足多种游憩及审美的要求。

4. 建筑布局（图 4-7）

应根据功能和景观要求及市政设施条件等，确定各类建筑物的位置、高度和空间关系，并提出平面形式和出入口位置。公园管理设施及厕所等建筑物的位置，应隐蔽又方便使用。需要采暖的各种建筑物或动物馆舍，宜采用集中供热。

5. 水、电、燃气等

线路设计布置不得破坏景观，同时应符合安全、卫生、节约和便于维修的要求。电气、上下水工程的配套设施、垃圾存放场及处理设施应设在隐蔽地带。

6. 铺装设计

根据公园总体设计的布局要求，确定各种铺装场地的面积。铺装场地应根据集散、活动、演出、赏景、休憩等使用功能要求作出不同设计。内容丰富的售票公园游人出入口外集散场地的面积下限指标以公园游人容量为依据，宜按 500m^2/万人计算。安静休憩场地应利用地形或植物与喧闹区隔离。演出场地应有方便观赏的适宜坡度和观众席位。

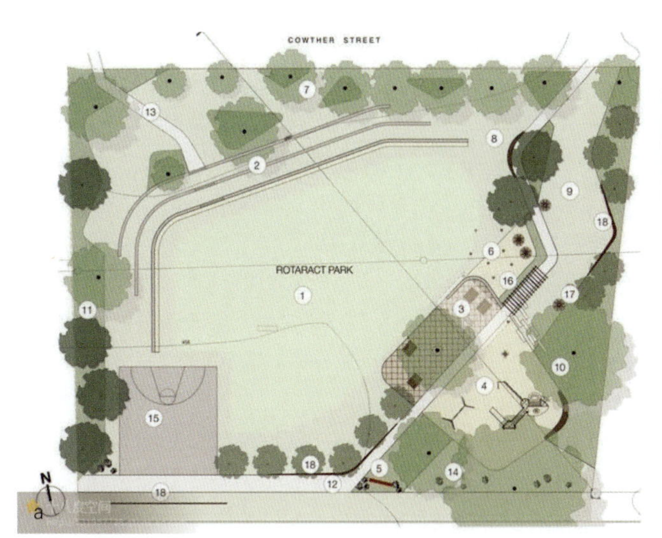

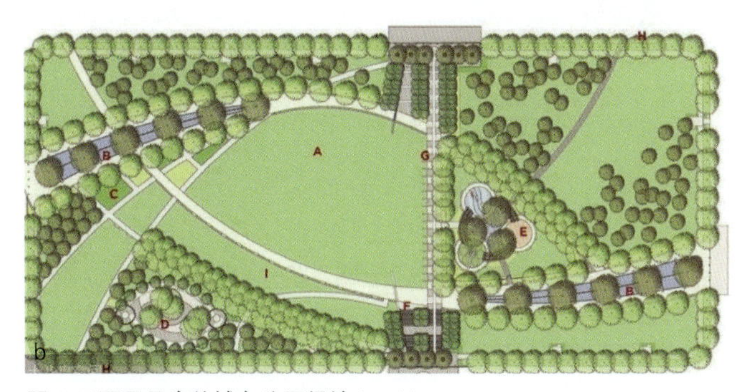

图 4-7 不同尺度的城市公园绿地 (a，b)

7. 园路系统

各级园路应以总体设计为依据，确定路宽、平曲线和竖曲线的线形以及路面结构。应根据公园的规模、各分区的活动内容、游人容量和管理需要，确定园路的路线、分类分级（表 4–3）和园桥、铺装场地的位置和特色要求。园路的路网密度，宜在 200~380m/hm^2 之间；动物园的路网密度宜在 160~300m/hm^2 之间。主要园路应具有引导游览的作用，易于识别方向。游人大量集中地区的园路要做到明显、通畅、便于集散。通行养护管理机械的园路宽度应与机具、车辆相适应。通向建筑集中地区的园路应有环行路或回车场地。生产管理专用路不宜与主要游览路交叉。

（1）园路线形设计应符合下列规定第一、与地形、水体、植物、建筑物、铺装场地及其它设施结合，形成完整的风景构图；第二、创造连续展示园林景观的空间或欣赏前方景物的透视线；第三、路的转折、衔接通顺，符合游人的行为规律。

（2）主路纵坡宜小于 8%，横坡宜小于 3%，粒料路面横坡宜小于 4%，纵、横坡不得同时无坡度。山地公园的园路纵坡应小于 12%，超过 12% 应作防滑处理。主园路不宜设梯道，必须设梯道时，纵坡宜小于 36%。支路和小路，纵坡宜小于 18%。纵坡超过 15% 路段，路面应作防滑处理；纵坡超过 18%，宜按台阶、梯道设计，台阶踏步数不得少于 2 级，坡度大于 58% 的梯道应作防滑处理，宜设置护拦设施。

（3）经常通行机动车的园路宽度应大于 4m，转弯半径不得小于 12m。

（4）园路在地形险要的地段应设置安全防护设施。

（5）通往孤岛、山顶等卡口的路段，宜设通行复线；必须沿原路返回的，宜适当放宽路面。应根据路段行程及通行难易程度，适当设置供游人短暂休憩的场所及护拦设施。

（6）园路及铺装场地应根据不同功能要求确定其结构和饰面。面层材料应与公园风格相协调，并宜与城市车行路有所区别。

（7）公园出入口及主要园路宜便于通过残疾人使用的轮椅，其宽度及坡度的设计应符合《方便残疾人使用的城市道路和建筑物设计规范》（JGJ 50）中的有关规定。

（8）公园游人出入口宽度应符合表 4–4 规定：

表 4–3 园路的路线、分类分级

园路级别	陆地面积（hm^2）			
	< 2	2~ < 10	10~ < 50	> 50
	园路宽度（m）			
主路	2.0~3.5	2.5~4.5	3.5~5.0	5.0~7.5
支路	1.2~2.0	2.0~3.5	2.0~3.5	3.5~5.0
小路	0.9~1.2	0.9~2.0	1.2~2.0	1.2~3.0

表 4–4 公园游人出入口总宽度下限（m/ 万人）

游人人均在园停留时间	售票公园	非售票公园
> 4h	8.3	5.0
1~4h	17.0	10.2
< 1h	25.0	15.0

8. 设施小品

园林小品设施的设置与公园规模有一定的关系（表4–5）公园内不得修建与其性质无关的、单纯以营利为目的的餐厅、旅馆和舞厅等建筑。

公园中方便游人使用的餐厅、小卖店等服务设施的规模应与游人容量相适应。

游人使用的厕所：面积大于 10hm² 的公园，应按游人容量的 2% 设置厕所蹲位（包括小便斗位数），小于 10hm² 者按游人容量的 1.5% 设置；男女蹲位比例为 1~1.5:1；厕所的服务半径不宜超过 250m；各厕所内的蹲位数应与公园内的游人分布密度相适应；在儿童游戏场附近，应设置方便儿童使用的厕所；公园宜设方便残疾人使用的厕所。

公用的条凳、坐椅、美人靠（包括一切游览建筑和构筑物中的在内）等，其数量应按游人容量的 20%~30% 设置，但平均每 1hm² 陆地面积上的座位数最低不得少于 20，最高不得超过 150。分布应合理。

停车场和自行车存车处的位置应设于各游人出入口附近，不得占用出入口内外广场，其用地面积应根据公园性质和游人使用的交通工具确定。

园路、园桥、铺装场地、出入口及游览服务建筑周围的照明标准，可参照有关标准执行。

表 4–5 园林设施小品与公园规模关系

设施类型	设施项目	陆地规模（hm²）					
		< 2	2 ~ < 5	5 ~ < 10	10 ~ < 20	20 ~ < 50	≥ 50
游憩设施	亭或廊	○	○	●	●	●	●
	厅、榭、码头	–	○	○	○	○	○
	棚架	○	○	○	○	○	○
	园椅、园凳	●	●	●	●	●	●
	成人活动场	○	●	●	●	●	●
服务设施	小卖店	○	○	●	●	●	●
	茶座、咖啡厅	–	○	○	○	●	●
	餐厅	–	–	○	○	●	●
	摄影部	–	–	○	○	○	○
	售票房	○	○	○	○	●	●
公用设施	厕所	○	●	●	●	●	●
	园灯	○	●	●	●	●	●
	公用电话	–	○	○	●	●	●
	果皮箱	●	●	●	●	●	●
	饮水站	○	○	○	○	○	○
	路标、导游牌	○	○	●	●	●	●
	停车场	–	○	○	○	○	●
	自行车存车处	○	○	●	●	●	●
管理设施	管理办公室	○	●	●	●	●	●
	治安机构	–	–	○	●	●	●
	垃圾站	–	–	○	●	●	●
	变电室、泵房	–	–	○	○	●	●
	生产温室荫棚	–	–	○	○	●	●
	电话交换站	–	–	–	○	○	●
	广播室	–	–	○	●	●	●
	仓库	–	○	●	●	●	●
	修理车间	–	–	–	○	●	●
	管理班（组）	–	○	○	○	●	●
	职工食堂	–	–	○	○	○	●
	淋浴室	–	–	–	○	○	●
	车库	–	–	–	○	○	●

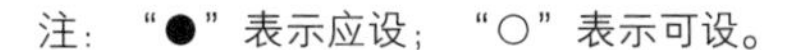
注：“●”表示应设；“○”表示可设。

项目名称：圣路易斯市中心城市公园
设计团队：Nelson Byrd Woltz Landscape Architects

这是一个私人基金会赞助的公共雕塑园项目，占地3英亩，位于圣路易斯市中心。这个花园振兴了城市中心。设计将雨水管理与场地地质，水文，植物群落一并考虑，建立具有深度的公共空间，成为吸引游客和市民的好去处。

项目立意明确，客户要求将24个当代雕塑作品植入这个让人鼓舞的公共场所，为人们创造出绿荫密布，流水盈盈，一年四季都美丽的花园。这个公园没有任何围墙大门，也没任何禁止触摸的标示，一切都是开放平和的。

花园的设计理念来源于圣路易及周边地区的文化和自然历史，3英亩的场地中挖掘着当地的故事。场地位于Gateway购物广场中央位置，临近圣路易斯拱门和密西西比河，花园通过两片弧墙和一道蜿蜒的墙分为三区。三个区域之间相互关联又有自己的特色。北区像临河的高地，中区像临河的滩涂，南区则像河流的冲积种植平原。

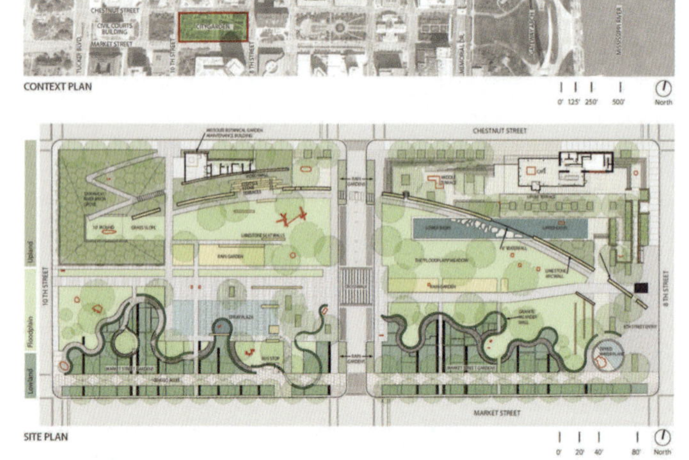

图1 平面图

图2 专为展示雕塑留存的开敞空地

图3 可供儿童嬉戏的水景

设计运用多种可持续发展策略，包括雨水管理、本土植物、植物健康维护和重振市区。三分之二的雨水排水区域由花园内部消化，一半的地表为渗水地面。 超过 5000 平方英尺花园可收集、滞留和过滤雨水径流。咖啡厅和管理用房的屋顶提供 1400 平方英尺的绿色屋顶。三种不同类型的土壤混合物代替场地中的现状土壤。这些新土壤有利于植物的生长。同时硬质铺装的设计充分考虑到对植物根系的影响，以确保植物更好的成活。

图 4 整体鸟瞰

图 5 两侧的体验设施

图 6 毛石堆砌的水景墙

项目名称：意大利都灵工业遗址改建公园
设计团队：Latz + Partner

这个公园是意大利都灵一个工业遗址改建项目。1998 年政府对原有的废弃工业用地推出改建计划。随着社会结构转型，城市景观也逐步展现出不同的面貌。这个拥有可持续发展理念的公园拥有 5 个独立的版块，每个版块都具有自己的个性，相互联系紧密为一个整体。

公园的主要空间是一片开阔的广场，这里耸立着一排排金属冷却塔，这些金属柱子被保留，成为公园的象征。在公园各处都可以看到水，西部的水在茂密植物的掩映下随季节改变；东部的水被埋在混凝土下成为暗渠。整个场地被整合成为一个可持续的水管理系统，收集并储存雨水。在公园中，各个穿插的交通元素：长廊，坡道，台阶，桥将公园五个部分更加紧密地联系在一起，其中 700m 长，6m 高的高架人行道穿越公园主要区域，为人们提供了新的视野层面。植物在这样的公园成为建筑物之间缓冲区和广场休息的庇护。这些欣欣向荣不断繁衍的植物让工业遗迹有了新的气象。

图 1 大尺度金属构架的空间感

图 2 保留的原有建筑的框架结构

图 3 保留的金属柱在公园中的效果

图 4-7 金属柱展示的不同空间效果

图 8-9 水景与原有水处理系统的结合

项目名称：厦门市海湾公园
设计团队：多义景观

厦门海湾公园建于 2005 年，公园用地总面积 20.01 万 m^2，地势平坦，平均高程 5.0m。园内可西眺大海，东望筼筜湖和白鹭洲公园，西北方向是海沧大桥，美丽的鼓浪屿也在视线之内。总体而言，海湾公园所处的地理位置非常重要，初期规划目标就是通过厦门海湾公园的建设，将大海的景观引入筼筜湖和城市中心地带，使大海与筼筜湖连为一体。公园西部紧临厦门西港，独创性的设计了海滨观光带，而原有堤岸亲水台阶的设计延续了其与大海进一步联系的空间，使海滨观光带中的人与海的交流更为直接和方便。 海湾公园与周边自然、城市环境紧密联系。它的空间布局、道路走向都与周边环境相联系，充分考虑了地形、植物、水体等景观要素，创造了许多丰富神秘而富有变化的空间，既保护了自然景观，又注重了空间使用功能的灵活性。使得各种活动和服务项目融合在自然环境当中。

图 1 整体鸟瞰

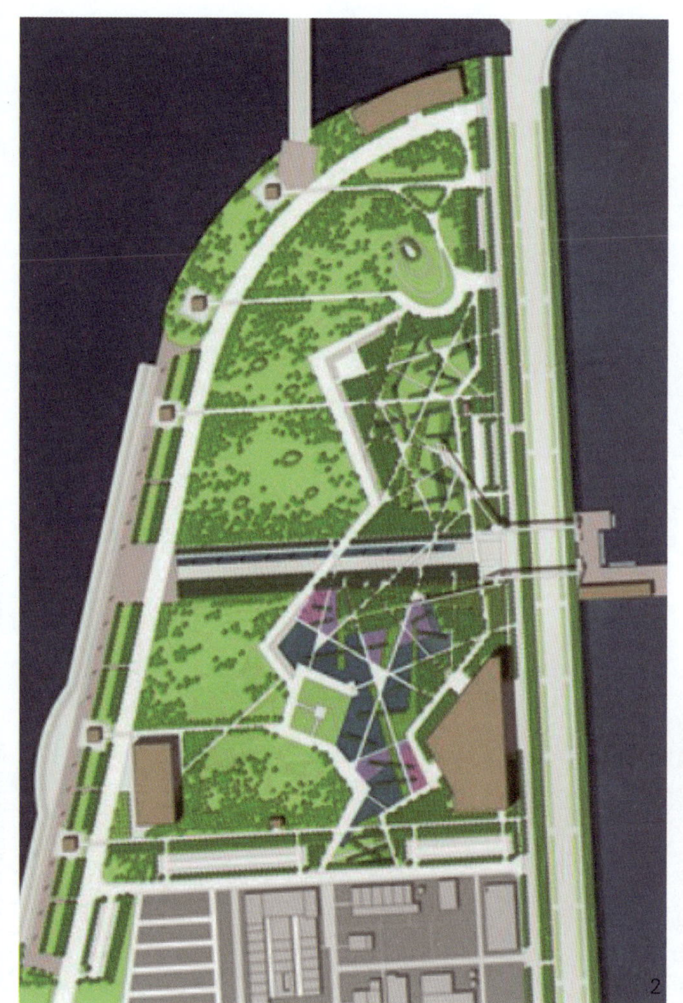

图 2 总平面图
图 3 水处理方式
图 4-5 几何化的园路

图 6 特色雕型

图 7-8 植被的种植

广场设计

1. 城市广场概述

城市广场是城市空间的重要节点，起改善城市生态环境、为居民提供户外活动空间的作用。城市广场是人类生存环境的重要组成部分，是现代城市空间环境中最具公共性、最富艺术魅力的开放空间。广场景观设计不仅仅反映了城市的现代化建设水平，更加折射出城市的文化内涵和精神面貌。城市广场景观设计的研究，为创造自由和谐、亲切自然的城市空间提供了理论依据。广场是一个主要为硬质铺装的，汽车不可进入的户外公共空间，是将人群吸引到一起进行集会、运动、游戏、休憩的城市空间形态。公共广场有一定的功能和主题，围绕主题设置的标志物、建筑空间的围合、以及公共活动场地是构成广场的三要素。

2. 城市广场分类及基本特点

（1）市政广场

一般是政治性广场，应有较大场地供群众集会、游行、节日庆祝联欢等活动之用，通常设置在有干道连通，便于交通集中和疏散的市中心区，其规模和布局取决于城市性质、集会游行人数、车流人流集散情况以及建筑艺术方面的要求，如北京天安门广场。

（2）纪念广场

建有重大纪念意义的建筑物，如塑像、纪念碑、纪念堂等，在其前庭或四周布置园林绿化，供群众瞻仰、纪念或进行传统教育。设计时应结合地形使主体建筑物突出、比例协调、庄严肃穆。罗马圣彼得广场是比较著名的纪念性广场。

（3）交通广场

供大量车流、人流集散的各种建筑物前的广场，一般是城市的重要交通枢纽，应在规划中合理地组织交通集散。在设计中要根据不同广场的特性使车流和人流能通畅而安全地运行。

（4）商业广场

为商业活动之用，一般位于商业繁华地区。广场周围主要安排商业建筑，也可布置剧院和其他服务性设施；商业广场有时和步行商业街结合。城镇中集市贸易广场也属于商业广场。

（5）宗教广场

布置在教堂、寺庙及祠堂前举行宗教庆典、集会、游行的广场。广场上设有供宗教礼仪、祭祀、布道用的坪台、台阶或长廊。

（6）文化广场

文化广场是指富有特色文化氛围的城市广场。包含有美学趣味的广场建筑、雕塑以及配套设施，一般属于政府公益性设施。它是公共生活集中的城市空间，为专业或民间组织在此进行艺术性表演或展示提供场所，也是群众性的各种娱乐、体育、休闲等活动场地。

（7）古迹广场

结合城市的遗存古迹保护和利用而设的城市广场，可根据古迹的体量、高矮、结合城市改造和城市规划要求来确定其面积大小。

（8）休闲广场

休闲广场是为居民居住创造一个高品质的空间，帮助人们塑造一种新的生活意识。用爱心帮助人们释放终日劳作的疲劳和紧张，用灿烂的阳光、树林去培育和陶冶人们的情操，提升所在地区景观的品质和空间素质 。广场中宜布置台阶、坐凳等供人们休息，设置花坛、雕塑、喷泉、水池等。

1. 系统性原则

城市广场设计应该根据周围环境特征、城市现状和总体规划的要求，确定其主要性质和规模，统一规划、统一布局，使多个城市广场相互配合，共同形成城市开放空间体系。

2. 完整性原则

城市广场设计时要保证其功能和环境的完整性。明确广场的主要功能，在此基础上，辅以次要功能，主次分明，以确保其功能上的完整性。广场应该充分考虑它的环境的历史背景、文化内涵、周边建筑风格等问题，以保证其环境的完整性。

3. 生态性原则

现代城市广场设计应该以城市生态环境可持续发展为出发点。在设计中充分引入自然，再现自然，适应当地的生态条件，为市民提供各种活动而创造景观优美、绿化充分、环境宜人、健全高效的生态空间。

4. 特色性原则

首先，城市广场应突出人文特性和历史特性。通过特定的使用功能、场地条件、人文主题以及景观艺术处理塑造广场的鲜明特色。同时，继承城市当地本身的历史文脉，适应地方风情、民俗文化，突出地方建筑艺术特色，增强广场的凝聚力和城市旅游吸引力。其次，城市广场还应突出其地方自然特色，即适应当地的地形地貌和气温气候等。城市广场应强化地理特征，尽量采用富有地方特色的建筑艺术手法和建筑材料，体现地方园林特色，以适应当地气候条件。

5. 多样性原则

不同类型的广场都有一定的主导功能，但是现代城市广场的功能却向综合性和多样性衍生，满足不同类型的人群不同方面的行为、心理需要，具有艺术性、娱乐性、休闲性和纪念性兼收并蓄。给人们提供了能满足不同需要的多样化的空间环境。

6. 突出主题原则

围绕着主要功能，明确广场的主题，形成广场的特色和内聚力与外引力。因此，在城市广场规划设计中应力求突出城市广场在塑造城市形象、满足人们多层次的活动需要与改善城市环境的三大功能。并体现时代特征、城市特色和广场主题（图 5–1，5–2）。

图 5–1 青岛五四广场主题雕塑成为城市地标

图 5–2 香港紫金花广场特色突出

1. 城市广场基本功能

城市广场是城市空间环境中最具公共性、最富艺术魅力、最能反映城市文化特征的开放空间，有着城市“起居室”和“客厅”的美誉。今天人们所追求的交往性、娱乐性、参与性、多样性、灵活性与广场所具有的多功能、多景观、多活动、多信息、大容量的作用相吻合。

根据市民活动特点，进行合理分区和空间组织，形成有动有静、有开有闭的不同空间，满足各类活动的需要。

广场活动空间有①节日庆典、公共聚会、艺术活动等大型活动场地。②聊天、遛鸟、下棋等规模恰当的交际场所。③游戏、玩耍及健身等运动场所。④休憩、学习等安静活动场所。

2. 城市广场构成要素

从形态上看，城市广场由点、线、面及空间实体构成。构成城市广场的一般要素包括：绿地、铺地、雕塑、小品、水景、照明等。

（1）铺地

铺地是广场设计的一个重点，其最基本的功能是为市民的户外活动提供场所，铺装场地以其简单而具有较大的宽容性，可以适应市民多种多样的活动需要。

（2）雕塑与小品

城市雕塑发展有两大趋势：一种趋势是远距离“瞭望型”的大型标志物，以其醒目的色彩、造型、质感、肌理等特征，屹立于城市背景之中；另一种趋势则是近距离“亲和型”，以与人体等大的尺度塑造极具亲和的形象，既没有雕塑基座，也没有周边的围护。小品建筑虽然不是广场中的必要组成部分，但一旦成为广场的构成成分，尤其是功能性的小品建筑往往对广场的空间景观有着主导作用。

（3）水景与照明

广场中的水景有喷泉、跌水、瀑布等形式，尤以喷泉多见（图5-3）。在实际水景设计中，应充分考虑当地的经济条件以及地理气候条件，在水空间创造中要与周围环境和人的活动有机结合起来，尤其要与人的行为心理结合起来，尽可能营造一些安全近水空间，特别是要针对不同人群的特点营造出适合不同人群近水活动，包括看水、戏水、听水、闻水等场所和空间。从人的需求出发，照明也是广场的重要要素之一。在广场的主空间，宜采用高压钠灯，给人以高亮度的感觉，在雕塑、绿化、喷泉处突出灯光产生的影响，宜多通过反射、散射或漫射，使色彩多样化，并使之交替，混合产生理想的退晕效果：同时，光源的选择应考虑季节的变换，冬天宜采用橘红色的光使广场带有温暖感，夏天宜采用高压水银荧光灯带有清凉感（图5-4）。

图 5-3 大型喷泉

图 5-4 广场夜景照明与水景结合设计

1. 城市广场空间的尺度分析

空间距离越短亲切感越加强，距离越长越疏远（表 5–1）。

广场用地规模的影响因素很多，如城市的规模、城市开放空间系统的整体布局、广场区位、广场性质与级别、广场主体建筑和临界建筑的体量与布局、用地环境条件、当地历史文化传统等。规模不宜过大，否则使人感到宏伟有余而亲切不足，浪费用地和资金。（集会时，0.8 m^2/人，体操、舞蹈 2~4 m^2/人）

①城市广场用地的总规模，按城市人口人均 0.07~0.62m^2 进行控制。

②单个广场用地规模，按市级 2~15hm^2，区级 1.5~10hm^2，社区级 1~2hm^2 控制，大城市可偏大，小城市宜取下限。

③广场空间尺度：12 x 12（人体面部表情）；70 x 70（人体活动）；150 x 150（群体和轮廓）（表 5–2）。

表 5–1 空间距离的感受

人之间的距离（m）	观者感受
1~2	亲切
12	看清对方的面部表情
25	认清对方是谁
150	能辨认对方身体的姿势
1200	能看见对方

表 5–2 广场空间尺度

要素	数值
平均面积	140 × 60（m）
视距与楼高的比值	1.5~2.5
视距与楼高构成的视角	18°~27°
亲切距离	12m
良好距离	24m
最大尺度	140m

2. 广场空间与视角的关系

实体的高度为 H，观者与实体的距离为 D，在 D 与 H 比值不同的情况下，得到不同的视觉效应。（表 5–3）为 D/H 对观者感受的影响图示：

由于人们日常生活中总是要求一种内聚、安定、亲切的环境，所以舒适的城市空间广场中 D/H 的值均在 1~3。

表 5–3 D/H 对观者感受的响

D/H	垂直视角	观者感受
1	45°	为观者看建筑单体的极限角，可看清实体的细部，有一种既内聚、安定又不至于压抑的感觉
2	27°	可较完整的观赏周围建筑整体，仍能产生一种内聚、向心的空间，而不至于产生排斥、离散的感觉
3	18°	观看群体全貌的基本视角，会产生空间排斥、离散的感觉
4	---	空间不封闭，建筑立面作为远景，空旷、迷失、荒漠的感觉很强

1. 广场与道路的关系（表 5-4）

表 5-4 广场与道路的关系图示

广场与道路的关系	图示			
道路引向广场				
道路穿过广场				
广场位于道路一侧				

2. 广场的围合关系（表 5-5）

表 5-5 广场的围合关系图示

广场的围合关系	围合＞开口（1）	围合＞开口（2）	围合 = 开口	围合＜开口
图示				

3. 主体标志物与广场的关系（表 5-6）

表 5-6 主体标志物与广场关系图示

主体标志物与广场的关系	布置在广场中央，适用于体积感较强、无特别的方向性的标志物	成组布置，具有主次关系，适用于大面积或纵深较大的广场	布置在广场的一侧，适用于侧重某个方向或侧重轮廓线的标志物	分列设置，适用于相似或相似地位的成组标志物	布置在广场一角，适用于按一定观赏角度布置的标志物
图示	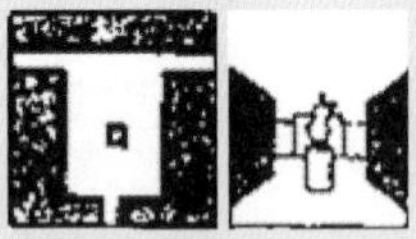	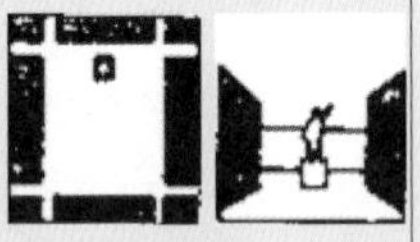	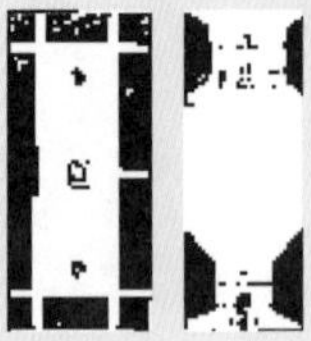		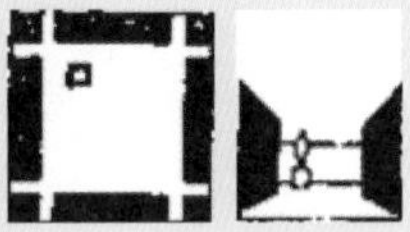

4. 主体建筑与广场的关系（表 5-7）

表 5-7 主体建筑与广场的关系图示

关系	主景	衬景	并景	居间	向隅
图示		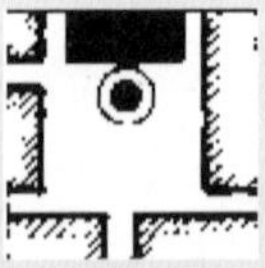	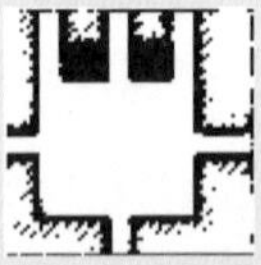		
关系	围合	介入	纵深	退堂	
图示		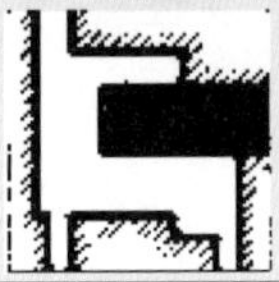			

5. 广场空间的限定方式（表 5-8）

表 5-8 广场空间限定方式图示

限定方式	设置	围合	覆盖	基面抬高	基面托起	基面下沉	基面倾斜	基面变化
特点	包括点、线、面的设置，亦可称为中心的限定，广场空间中的标志物就是典型的中心的限定	用某种构件（墙、绿化、建筑等）围合成所需要的空间。不同的构件及围合方式产生的强与弱、封闭与开放的空间感觉	用某种构件（布幔、华盖）或构架遮盖空间，形成弱的、虚的限定	抬高的空间与周围空间及视觉连续的成都，依抬起高度的变化而定	与基面抬起相似，在托起的基面的正下方形成从属的空间限定	使基面下沉划分某个空间范围，在视觉上加强下沉部分在空间关系中的独立性	顺应地形的、渐变的空间限定	基面地质及地面纹理的变化作为限定的辅助手段
图示								

6. 广场的封闭形体（表 5-9）

表 5-9 广场封闭形体图示

形式特点	道路将地面与空间墙分隔	两条边缘的道路将地面与空间墙隔开，另两边有联系	进入广场的每条道路都能封闭视线，广场围合感强	进入广场的道路穿越过街楼，使视线封闭，但不影响交通	广场角部封闭，中间开口，形成完整的围合，广场中心可布置标志物	在广场的一个方向以主体建筑封闭视线，围合感强
图示	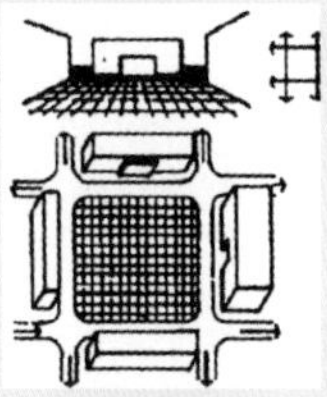	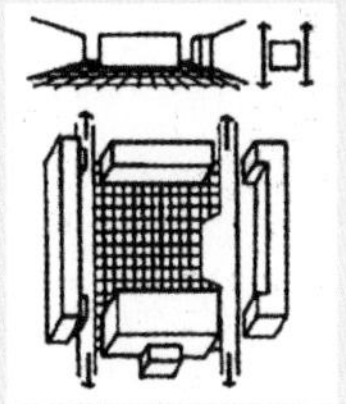	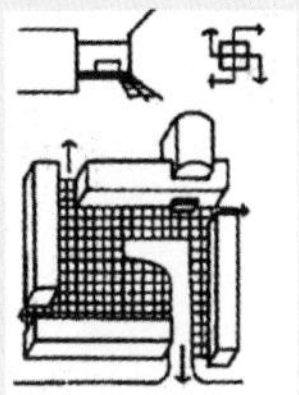	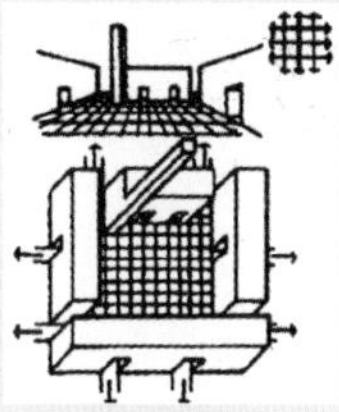	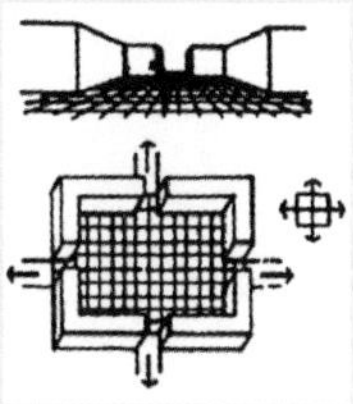	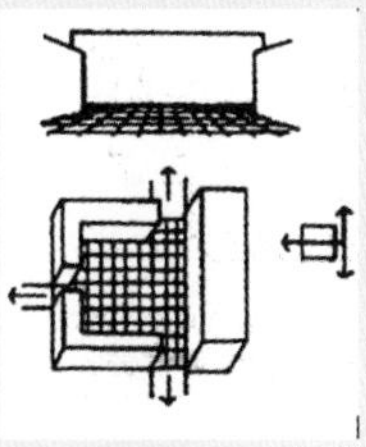

7. 建筑形体与广场空间（表 5–10）

表 5–10 建筑形体与广场空间图示

关系	高层建筑与低层建筑共同围合广场空间，高层建筑的裙房或底层的敞廊可以与临近建筑物独立联系	主体建筑后退，以突出空间体量	主体建筑向外凸出的空间体量	凸出的转角形成空间轴心	主体建筑单独设置形成空间轴心	互相连锁的广场空间通过敞廊过渡，敞廊称为空间轴心	以柱廊围合广场空间，广场中宜设置标志物（喷泉、雕塑、花坛等）以构成空间轴心
图示							

1. 位置与分布

从城市的空间结构、区位条件、历史特征以及市民公共活动的需求情况，对城市广场的性质、功能和位置进行定位（图 5–5）。

2. 规模与尺度

广场用地规模的影响因素很多，如城市的规模、城市开放空间系统的整体布局、广场区位、广场性质与级别、广场主体建筑和临界建筑的体量与布局、用地环境条件、当地历史文化传统等。规模不宜过大，否则使人感到宏伟有余而亲切不足，浪费用地和资金。

3. 功能与布局

根据市民活动特点，进行合理分区和空间组织，形成有动有静、有开有闭的不同空间，满足各类活动的需要。

4. 个性与特色

有特色和个性的广场，在内容和形式上应当具有明显区别于其他城市广场的美好特征。重视与城市自然和历史环境的融合，注重自然景观和人文因素的体现，是广场营造个性化和特色的重要手段。

5. 生态与绿化

无论是从生态功能的发挥（据有关资料表明，同样面积的乔木与草坪投资比为 1:10，而树木在调节城市温湿度、制造氧气、消音隔尘方面的生态效益明显高于草坪，其效益比为 3:1），还是从养护成本抑或景观组织的角度考虑，广场绿化都必须摒弃“重草轻树”的做法，而应当采取“乔、灌、花、草皆相宜”的多样化思路。

图 5–5 法国某火车站前广场简洁的绿化设计

项目名称：奥地利蒂罗尔州因斯布鲁克城市广场改建项目
设计团队：LAAC Architekten & Stiefel Kramer Architecture

图 1 整体鸟瞰

这是位于奥地利蒂罗尔州因斯布鲁克的一个广场改建项目，面积 9000m^2，其水泥地面如同一件雕塑作品。原有广场与四周的纪念馆以及一侧的纪念碑保持着象征性纪念意义，却忽略了与市民的联系。纪念碑是自由纪念碑，但原有广场的气氛使其看起来就像是法西斯纪念碑一样。同时广场下方有一个建于 1985 年的地下车库。新广场改变了原有广场的气氛，同时以一个创造性的，如同雕塑般的地面让人耳目一新。地面的地形划分出功能区和交通流线。在这里，人是被考虑的主要因素。广场融于新老城区，里面的树木和路灯是显要的垂直要素，它们在白天和夜间投下了变化的光影。

广场北部临着 Landhaus 酒店的部分是宽敞平坦的地面，能作为多功能城市空间使用，还有一个大型喷泉，能在夏日带来凉爽。往南去纪念碑的方向地形多变，混凝土表面呈各种几何造型，有的形成树池，有的形成座位区，还有一处形成水池，放置了雕塑。广场的混凝土每个单元的最大面积是 100m^2，相互之间留出伸缩缝。

广场水系统是整体设置。同时雨水径流系统的方向考虑了地下车库的位置。

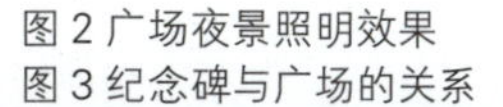

图 2 广场夜景照明效果

图 3 纪念碑与广场的关系

图 4 广场雕塑

图 5 具有雕塑感的花池壁

图 6 雕塑般的混凝土地面

项目名称：毕尔巴鄂市巴克斯广场
设计团队：西班牙毕尔巴鄂 Balmori Associates

巴克斯广场联系着 19 世纪老城 El Ensanche 与新毕尔巴鄂城，狄乌斯托大学，古根海姆博物馆以及 Nervion 河。广场可以看成一个容纳各种元素的要点，并被美术馆，历史悠久的住宅楼，大学建筑，还有各名家设计的商场，酒店，摩天楼等建筑所包围。广场中心流畅的路径汇聚了来自四面八方的动能。绿树成荫，开放流通的边界支持人们沿边闲坐。中心的三个口袋公园特色迥异，适合各种休闲。广场一部分的下方是可容纳 100 辆车的地下停车场。因为西班牙经济衰退，所以造价减少，设计取消了原有的喷泉、更繁多的植被和某些材料。

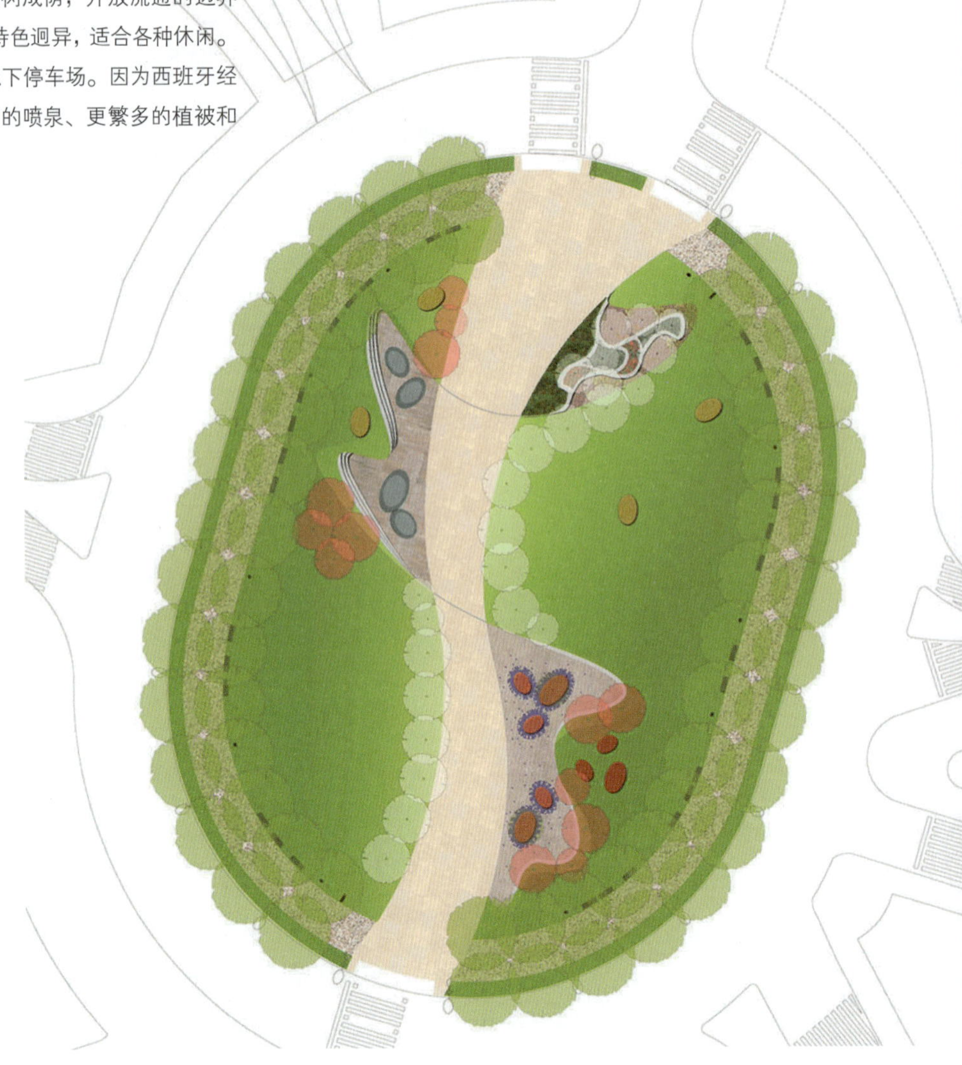

图 1 总平面图

图 2 整体鸟瞰
图 3 广场主通道与休憩空间融合得相得益彰

图 4–10 广场主通道与休憩空间融合得相得益彰

9

8

10

项目名称：丹麦哥本哈根某城市广场
设计团队： Ramb Ⅱ

这是丹麦哥本哈根的一个街区改建项目，景观师切断了原有道路交通，取而代之一个具有吸引力的开放空间。人们在此聚会，闲坐，交流，玩耍。这是一个安全的路径，当地许多孩子放学会从这里路过。

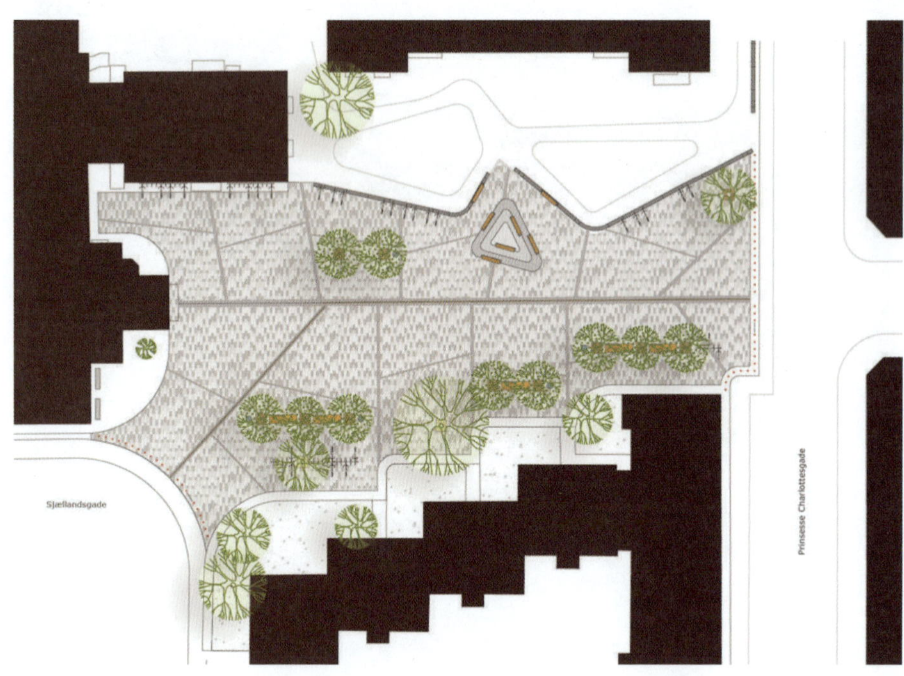

图 1 总平面图

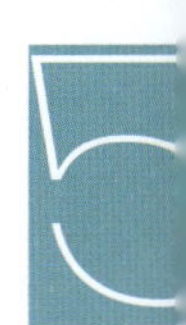

图 2–3 改造前后对比

图 4 广场的改造为社区提供了更舒适的休闲场所

6

8

7

9

10

图 5–6 广场景观细部处理
图 7–9 座椅和台阶的细部处理
图 10 广场仅供行人和非机动车通行

居住区景观设计

1. 居住区概述

近年来随着城市化进程的加快，人民生活水平的提高，各地居住区用地不断增加，而居住区绿地在净化空气、降低噪音、美化局部环境等方面起着重要作用。居住区绿地规划设计的优劣，将直接关系到居住区环境的好坏。

居住区公园环境景观规划必须符合城市总体规划、分区规划及详细规划的要求。要从场地的基本条件、地形地貌、土质水文、气候条件、动植物生长状况和市政配套设施等方面分析设计的可行性和经济性。

居住区景观的设计包括对基地自然状况的研究和利用，对空间关系的处理和发挥，与居住区整体风格的融合和协调。包括道路的布置、水景的组织、路面的铺砌、照明设计、小品的设计、公共设施的处理等等，这些方面既有功能意义，又涉及到视觉和心理感受。在进行景观设计时，应注意整体性、实用性、艺术性、趣味性的结合。

2. 居住区类型

“小区”一词是由俄文直译而来的，它的基本原则是：城市交通不得引入小区；有一套完整的日常生活使用的生活文化福利设施；形成完整的建筑群，创造便于生活的空间。 我国城市居住区规划规范对“小区”概念作了进一步规定：一般情况下，居住区按规模可以分为居住区、居住小区、住宅组团。居住区可分若干居住小区，也可不分小区，小区由若干住宅组团构成。

（1）居住区 是指城市主要道路所包围的独立生活地段，规模为 1 至 1.5 万户，30000~50000 人。

（2）居住小区 是居住区道路（也可是城市一般道路）所包围的日常生活居住单位，规模约为 2000~3000 户，1 万人左右（图 6–1，6–2）。

（3）住宅组团 是居住区的基本生活单位，由若干幢住宅组成，不被小区道路所穿越，其规模是 300~700 户，1000 至 3000 人。

由于我国地域辽阔，城市大小不一，因此以上三者的性质和规模不能模式化，不能强求划一。例如在中、小城市，可能没有居住区，只有居住小区；在小城市，虽然叫做“居住小区”，但其规模可能只相当于理论上的住宅组团的规模。

图 6–1 典型的居住小区

图 6–2 居住小区景观

3. 居住区景观设计发展趋势

（1）强调居住区环境景观的共享性

使每套住房都获得良好的景观环境效果，是设计的首要目的。首先在规划设计时应尽可能地利用现有的自然环境创造人工景观，让人们都能够享受这些优美环境，共享居住区的环境资源；其次，加强院落空间的领域性，利用各种环境要素丰富空间的层次，为人们提供相认、交流的场所；从而创造安静温馨、优美、祥和安全的居家环境。

（2）居住区环境景观突出文脉的延续性

崇尚历史和文化是近年来居住区环境设计的一大特点，开发商和设计师开始不再机械地割裂居住建筑和环境景观，开始在文化的大背景下进行居住区的策划和规划，通过建筑与环境艺术来表现历史文化的延续性。居住区环境作为城市人类居住的空间，也是居住区文化的凝聚地与承载点；因此在居住区环境的规划设计中要认识到文化特征对于住区居民健康、高尚情操培育的重要性。而营造居住区环境的文化氛围，在具体规划设计中，应注重住区所在地域自然环境及地方建筑景观的特征；挖掘、提炼和发扬住区地域的历史文化传统，并在规划中予以体现。

（3）环境景观的艺术性向多元化发展

居住区环境设计更多关注人们不断提升的审美需求，呈现出多元化的发展趋势。同时环境景观更加关注居民生活的方便、健康与舒适性，不仅为人所赏，还要为人所用。尽可能创造自然、舒适、亲近、宜人的景观空间，实现人与景观有机融合。如亲地空间可以增加居民接触地面的机会，创造适合各类人群活动的室外场地和各种形式的屋顶花园等等；亲水空间，营造出人们亲水、观水、听水、戏水的场所；硬软景观有机结合，充分利用车库、台地、坡地、宅前屋后构造充满活力和自然情调的亲绿空间环境；而儿童活动的场地和设施的合理安排，可以培养儿童友好、合作、冒险的精神，创造良好的亲子空间。

（4）居住区环境设计向可持续的生态的方向发展

居住区环境质量的高低除艺术性的层面外，还要体现生态的一面。就微观的环境景观设计而言就是通过环境设计为居民提供良好的日照、通风、阻隔噪音、吸附有害气体的条件，同时对住区地域自然景观、自然生态及除人之外物种的尊重与关怀，实现住区地域生物的多样性。如在住区环境中还留出一定比例的“自然空间”，可以有效地调节住区的生态环境。而自然空间的生态功能主要体现在保持水土、固碳制氧、维持大气成分稳定、调节气温、增加空气湿度、改善住区气候、净化空气、吸尘滞尘、消减噪音等方面。因此，对于居住区景观生态环境而言，共生与再生原则就要求我们特别注意和自然环境的结合与协作；善于因地制宜，因势利导，利用一切可以运用的因素，高效地利用地质因素和自然资源；减少人工层次而注意自然环境设计。

4. 居住区绿地类型及特点（表 6–1）

表 6–1 居住区绿地类型及特点

类型		基本特点
公共景观	居住区公园	居住区级，为全居住区居民就近使用。面积较大，相当于城市小型公园。设施比较丰富，有体育活动场，各年龄组休憩、活动设施，阅览室、画廊、小卖部、茶室等，常与居住区中心结合布置
	居住小区游园	小区级，主要供居住小区内居民就近使用。设置一定的文化体育设施，游憩场地，老年人、青少年活动场地。居住小区中心游园位置要适中，与居住小区中心结合布置
	居住组团绿地	组团级，是最接近居民的公共绿地，以住宅组团内居民为服务对象，特别要设置老年机儿童活动场所，往往结合住宅组团布置，面积在 1000m^2 左右为宜
宅旁景观		也称宅间绿地，是最基本的绿地类型，多指在行列式建筑前后两排住宅之间的绿地，一般包括宅前、宅后以及建筑本身的绿化，只供本栋住宅使用，以满足居民日常的休息、观赏、家庭活动和杂物等需要
道路景观		指居住区内道路红线以内的绿地，具有遮阴、防护、丰富道路景观等功能
公共设施景观		居住区内各类公共建筑和公共设施周围的环境绿地。如医院、幼儿园、小学、俱乐部等景观环境

1. 总体环境

（1）环境景观规划必须符合城市总体规划、分区规划及详细规划的要求。要从场地的基本条件、地形地貌、土质水文、气候条件、动植物生长状况和市政配套设施等方面分析设计的可行性和经济性。

（2）依据住区的规模和建筑形态，从平面和空间两个方面入手，通过合理的用地配置，适宜的景观层次安排，必备的设施配套，达到公共空间与私密空间的优化，达到住区整体意境及风格塑造的和谐。

（3）通过借景、组景、分景、添景多种手法，使住区内外环境协调。滨临城市河道的住区宜充分利用自然水资源，设置亲水景观；临近公园或其他类型景观资源的住区，应有意识地留设景观视线通廊，促成内外景观的交融；毗邻历史古迹保护区的住区应尊重历史景观，让珍贵的历史文脉融于当今的景观设计元素中，使其具有鲜明的个性，并为保护区的开发建设创造更高的经济价值。

2. 光环境

（1）住区休闲空间应争取良好的采光环境，有助于居民的户外活动；在气候炎热地区，需考虑足够的荫庇构筑物，以方便居民交往活动。

（2）选择硬质、软质材料时需考虑对光的不同反射程度，并用以调节室外居住空间受光面与背光面的不同光线要求；住区小品设施设计时宜避免采用大面积的金属、玻璃等高反射性材料，减少住区光污染；户外活动场地布置时，其朝向需考虑减少眩光。

（3）在满足基本照度要求的前提下，住区室外灯光设计应营造舒适、温和、安静、优雅的生活气氛，不宜盲目强调灯光亮度；光线充足的住区宜利用日光产生的光影变化来形成外部空间的独特景观。

3. 通风环境

（1）住区住宅建筑的排列应有利于自然通风，不宜形成过于封闭的围合空间，做到疏密有致，通透开敞。

（2）为调节住区内部通风排浊效果，应尽可能扩大绿化种植面积，适当增加水面面积，有利于调节通风量的强弱。

（3）户外活动场的设置应根据当地不同季节的主导风向，并有意识地通过建筑、植物、景观设计来疏导自然气流。

4. 声环境

（1）城市住区的白天噪声允许值宜≤45dB，夜间噪声允许值宜≤40dB。靠近噪声污染源的住区应通过设置隔音墙、人工筑坡、植物种植、水景造型、建筑屏障等进行防噪。

（2）住区环境设计中宜考虑用优美轻快的背景音乐来增强居住生活的情趣。

5. 温、湿度环境

（1）温度环境：环境景观配置对住区温度会产生较大影响。北方地区冬季要从保暖的角度考虑硬质景观设计；南方地区夏季要从降温的角度考虑软质景观设计。

（2）湿度环境：通过景观水量调节和植物呼吸作用，使住区的相对湿度保持在30%~60%。

6. 嗅觉环境

（1）住区内部应引进芬香类植物，排斥散发异味、臭味和引起过敏的植物。

（2）必须避免废异物对环境造成的不良影响，应在住区内设置垃圾收集装置，推广垃圾无毒处理方式，防止垃圾及卫生设备气味的排放。

7. 视觉环境

（1）以视觉控制环境景观是一个重要而有效的设计方法，如对景、衬景、框景等设置景观视廊都会产生特殊的视觉效果，由此而提升环境的景观价值。

（2）要综合研究视觉景观的多种元素组合，达到色彩适人、质感亲切、比例恰当、尺度适宜、韵律优美的动态观赏和静态观赏效果。

8. 人文环境

（1）应十分重视保护当地的文物古迹，并对保留建筑物妥善修缮，发挥其文化价值和景观价值。

（2）要重视对古树名木的保护，提倡就地保护，避免异地移植，也不提倡从居住区外大量移入名贵树种，造成树木存活率降低。

（3）保持地域原有的人文环境特征，发扬优秀的民间习俗，从中提炼代表性设计元素，创造出新的景观场景，引导新的居住模式。

9. 建筑环境

（1）建筑设计应考虑建筑空间组合、建筑造型等与整体景观环境的整合，并通过建筑自身形体的高低组合变化和与住区内、外山水环境的结合，塑造具有个性特征和可识别性的住区整体景观。

（2）建筑外立面处理、形体、住区建筑的立面设计提倡简洁的线条和现代风格，并反映出个性特点。材质鼓励建筑设计中选用美观经济的新材料，通过材质变化及对比来丰富外立面。建筑底层部分外墙处理宜细。外墙材料选择时需注重防水处理。居住建筑宜以淡雅、明快为主。在景观单调处，可通过建筑外墙面的色彩变化或适宜的壁画来丰富外部环境。住宅建筑外立面设计应考虑室外设施的位置，保持住区景观的整体效果。

1. 居住区公园功能分区及物质要素（表 6–2）

2. 场地分析

居住区是人行为最多、停留最长时间的地方，需要在进行居住区景观设计之前，以下几点（表 6–3）充分思考与总结。

表 6–2 居住区公园功能分区及物质要素

功能分区	物质要素
休息、漫步、游览区	休息场地、散步道、凳椅、廊、亭、榭、老人活动室、展览室、草坪、花架、花坛、树木、水面
游乐区	电动游戏设施、文娱活动室、凳椅、树木、草地等
运动健身区	运动场地及设施、健身场地、凳椅、树木、草地等
儿童游戏区	儿童游戏器具、凳椅、树木、花草、沙地、水面
服务网点	茶室、餐厅、售货亭、公共厕所、凳椅、花草等
管理区	管理用房、公园大门、暖房、花圃

表 6–3 影响景观设计的环境要素

构成要素	内容
自然要素	包括地形、地质、土壤、水文、气象和植物等
人工要素	包括住宅、公共服务设施、市政公共设施、交通设施、休憩设施等
社会要素	包括社会制度、社会组织、社会风尚、社会网络、居民素质、地方文化传统等

图 6–3 某小区平面图

1. 一般要求

①环境景观规划必须符合城市总体规划、分区规划及详细规划的要求。要从场地的基本条件、地形地貌、土质水文、气候条件、动植物生长状况和市政配套设施等方面分析设计的可行性和经济性。

②依据住区的规模和建筑形态，从平面和空间两个方面入手，通过合理的用地配置，适宜的景观层次安排，必备的设施配套，达到公共空间与私密空间的优化，达到住区整体意境及风格塑造的和谐。

③通过借景、组景、分景、添景多种手法，使住区内外环境协调。滨临城市河道的住区宜充分利用自然水资源，设置亲水景观；临近公园或其他类型景观资源的住区，应有意识地留设景观视线通廊，促成内外景观的交融；毗邻历史古迹保护区的住区应尊重历史景观，让珍贵的历史文脉融于当今的景观设计元素中，使其具有鲜明的个性，并为保护区的开发建设创造更高的经济价值。

图 6-4 昆明江东花城

2. 功能定位

有的居住小区总体规模较小，绿地面积也较小，那么就没必要把小区的所有功能要素都用上。不同规模、不同造价、不同需求的居住小区景观设计，其内容和功能设计也是不同的。

图 6-5 成都芙蓉古城

3. 注重地域特征和场地精神

居住小区总是处于特定的城市中，虽然在现代居住小区景观设计中，有很多小区引入西方国家的生活理念和异域风情无可厚非，但如果能准确提炼本地的地域特征作为构思立意，则能激起人们的心理认同感，更能构成富有地方特色的城市风貌。

如昆明自古就有“春城无处不飞花”的美誉，大街小巷都是花的海洋，昆明的“江东花城”居住小区（图 6-4）就是以鲜花为主题，以花之城为设计理念，花满馨楼，五颜六色，无处不在书写“鲜花”的景观主题，通过浓墨重彩的线条展现昆明小区鲜明的地域文化；成都的“芙蓉古城”（图 6-5）是以川西地区文化作为景观设计的灵感来源，川西民居建筑以中轴线布局，通常采用穿斗式木结构，屋顶采用青瓦坡式屋顶处理，以解决四川多雨季节的屋面排水问题。住宅外墙多采用白色为基础色调，利于反光，弥补川西地区采光不足的缺陷；门窗以浅褐色或是枣红色为着色基调，与白墙相配，显得清新而淡雅。这些充满着川西地域符号的小区景观表达了巴蜀之地的婉约美和内敛气质。

4. 居住区绿地的定额指标（表 6-4）

指居住区内每个居民所占的园林绿地面积，用于反映一个居住区绿地数量的多少和质量的好坏，也是评价城市环境质量的标准和城市居民精神文明的标志之一。1993 年国家颁布的《城市居住区规划设计规范》中明确指出：新区建设绿地率不低于 30%，旧区改造不宜低于 25%。

绿地内部的设计风格应协调统一，尽可能与城市绿化规划协调统一。同时应根据居住区的规划，因地制宜，采用集中与分散相结合，点、线、面相结合，并适当保留和规划改造范围内已有的树木和绿地。

表 6-4 居住区绿地的定额指标

指标类型	计算公式	备注
居住区人均公共绿地面积（m^2/人）	居住区内每人公共绿地面积 = 居住区公共绿地面积 / 居住区总人口	公共绿地包括居住区公园、小区游园、组团绿地、小广场绿地等
居住区绿地率	居住区绿地率 = 居住区内绿地面积的总和 / 居住区用地总面积 ×100%	绿地包括公共绿地、宅旁绿地、公共设施所属绿地和道路绿地
居住区绿化覆盖率	绿化覆盖率 = 全部乔木、灌木的垂直投影面积及地被植物的覆盖面积 / 总用地面积 ×100%	覆盖面积只计算一层，不得重复计算

5. 各级中心公共绿地设置规定（表 6-5）

①居住区公共绿地至少有一边与相应级别的道路相邻。

②应满足有不少于 1/3 的绿地面积在标准日照阴影范围之外。带状、块状公共绿地应满足宽度不小于 8m，面积不小于 400m^2 的要求。旧区改造可酌情降低，但是不能低于相应指标的 50%。

表 6-5 各级中心公共绿地设置规定

中心绿地名称	设置内容	要求	最小人均公共绿地面积（㎡ / 人）	最小规模（h㎡）
居住区公园	花木草坪、花坛水面、凉亭雕塑、小卖茶座、老幼设施、停车场地和铺装地面	院内布局应有明确的功能划分	1.5	1.0
小区游园	花木草坪、花坛水面、雕塑、儿童设施和铺装地面等	院内布局应有一定的功能划分	1.0	0.4
组团绿地	花木草坪、桌椅、简易儿童设施等	灵活布局	0.5	0.04

6. 住宅环境与景观结构布局（表 6-6）

表 6-6 住宅环境与景观结构布局

住区分类	景观空间密度	景观布局	地形及竖向处理
高层住区	高	采用立体景观和集中景观布局形式。高层住区的景观总体布局可适当图案化，既要满足居民在近处观赏的审美要求，又需注重居民在居室中向下俯瞰的景观艺术效果	通过多层次的地形塑造来增强绿地率
多层住区	中	采用相对集中、多层次的景观布局形式，保证集中景观空间合理的服务半径，尽可能满足不同年龄结构、不同心理取向的居民的群体景观需求，具体布局手法可根据居住规模及现状条件灵活多样，不拘一格，以营造出有自身特色的景观空间	因地制宜，结合住区规模及现状条件适度地形处理
低层住区	低	采用较分散的景观布局，使住区景观尽可能接近每户居民，景观的散点布局可结合庭院塑造尺度适人的半围合景观	地形塑造的规模不宜过大，以不影响低层住户的景观视野又可满足其私密度要求为宜
综合住区	不确定	宜根据住区总体规划及建筑形式选用合理的布局形式	适度地形处理

1. 道路

道路是整个居住小区的景观骨架，是在设计景观方案时首先要确定的，它一方面是实用要素，要考虑居民的车行、步行需要，形成完善的车、步行小区道路系统。如居民多喜欢在小区绿化较好的道路上散步，所以步道设计应以居民的舒适度为重要指标，当曲则曲，该窄则窄，不可一味追求构图，求直求宽。力图做到有收有放，树影相荫；另一方面道路作为美学要素，可形成重要的视线走廊，两侧的环境景观应符合导向要求，并达到步移景异的视觉效果。

（1）道路的类型

按照功能分：机动车道和非机动车道（包括自行车道、轮椅专用道、人行步道）

按规划等级分：小区道路（6~9m）、组团道路（3~5m）、宅间道路（不宜小于 2.5m）、园路（含入户道路、小区景观游赏步道、汀步，临水栈道，其路宽酌情控制）

按照路面材质分为：

a. 沥青混凝土道路（包括不透水沥青路面和透水沥青路）

b. 混凝土道路(包括混凝土路、水磨石路、模压路、混凝土预制砌块路）

c. 花砖道路（包括釉面砖路、陶瓷路、透水花砖路、黏土砖路）

d. 天然石材道路（包括石块路、碎石、卵石路、砂石路面）

e. 沙土路（包括沙土路面、黏土路面）

f. 木质路（包括木地板路面、木砖路面、木栅格路面）

g. 合成树脂路（包括人工草皮路、弹性橡胶路、合成树脂路）

其他强制性规定道路：

a. 消防通道

b. 无障碍通道

（2）道路设置要求

a. 小区内主要道路至少应有两个出口；居住区内主要道路至少应有两个方向与外围道路相连；机动车道对外出人口间距不应小于 150m。沿街建筑物长度超过 150m 时，应设不小于 4m × 4m 的消防车通道。人行出口间距不宜超过 80m，当建筑物长度超过 80m 时，应在底层加设人行通道。

b. 居住区内道路与城市道路相接时，其交角不宜小于 75°；当居住区内道路坡度较大时，应设缓冲段与城市道路相接。

c. 进入组团的道路，既应方便居民出行和利于消防车、救护车的通行，又应维护院落的完整性和利于治安保卫。

d. 在居住区内公共活动中心，应设置为残疾人通行的无障碍通道。通行轮椅车的坡道宽度不应小于 2.5m，纵坡不应大于 2.5%。

e. 居住区内尽端式道路的长度不宜大于 120m，并应在尽端设不小于 12m × 12m 的回车场地。

f. 当居住区内用地坡度大于 8% 时，应辅以梯步解决竖向交通，并宜在梯步旁附设推行自行车的坡道。

g. 道路宽度及坡度要求（表 6–7，表 6–8）

表 6–7 居住区道路宽度

道路名称	道路宽度
居住区道路	红线宽度不宜小于 20m
小区路	路面宽 6~9m，建筑控制线之间的宽度，采暖区不宜小于 14m，非采暖区不宜小于 10m
组团路	路面宽 3~5m，建筑控制线之内的宽度，采暖区不宜小于 10m，非采暖区不宜小于 8m
宅间小路	路面宽不宜小于 2.5m
园路（甬路）	路面宽不宜小于 1.2m

表 6–8 道路及绿地最大坡度

道路及绿地		最大坡度
道路	普通道路	17%（1/6）
	自行车专用道	5%
	轮椅专用道	8.5%（1/12）
	轮椅园路	4%
	路面排水	1%~2%
绿地	草皮坡度	45%
	中高木绿化种植	30%
	草坪修剪机作业	15%

2. 绿地设计

（1）绿地率

绿地率是小区绿化的重要指标，是指居住区用地范围内各类绿地总和占居住区总用地面积的比率，其中包括公共绿地、宅旁绿地、公共服务设施所属绿地和道路绿地。在《城市居住区规划设计规范》中，要求绿地率新区建设不应低于30%，旧区改造不宜低于25%，但规范中仅对最小规模、面积计算及分级规模规划的标准及面积计算作了规定，未对绿化空间环境景观的三维空间加时间维的四维效果作详细规定，目前许多小区采用的草坪型绿地，多植草皮，适当种植花草、灌木或间点缀一些幼树的做法，虽然达到了绿化效果，但没有对树木的种植和草坪铺设的比例有所控制。

（2）小区的绿地系统

居住小区范围内的绿化可分为公共绿地、宅旁绿地、道路绿地、公共服务设施所属绿地，如何确定各类型绿地的规模、位置及其在环境景观设计中的地位，要求规划师根据实际情况，分别对待，真正做到以人为本，满足住户对居住环境亲和性要求。

a. 公共绿地　居住小区的公共绿地即居住小区公园，亦包括小区级儿童公园，就近服务于居住小区内的居民，设置一定的健身活动设施和社交游憩场地一般面积4000m^{2}以上，在居住小区位置适中，服务半径为400~500m。公共绿地的平面布局形式不拘一格，但总的来说应采用简单明了、内部空间开敞明亮的格局。对于用地规模较小的居住小区公园，可采用规则式的平面布局，容易取得较理想的效果，用变化有致的几何图形平面来构成平面布局，结合地形竖向变化，形成活泼多变的园林环境。公共绿地内适当布置园林建筑小品，既起到点景作用，又为居民提供停留赏景的地方，建筑小品的布置和造型设计应特别注意与周围绿地的尺度和居住小区建筑相协调，一般来说，体量宜小不宜大，用材宜精细不宜粗糙。

b. 宅旁绿地　宅旁绿地即居住建筑四周的绿地，在宅旁绿地的绿化设计中，应注意与建筑物关系密切的细部处理，如建筑物入口处两侧绿地，一般以对植灌木球或绿篱的形式来强调入口，不要栽种有尖刺的园林植物，以免刺伤行人；墙基、角隅绿化，墙基可铺植树冠低矮紧凑的常绿灌木，墙角栽植常绿大灌木丛，这样可以改变建筑物生硬的轮廓，调和建筑物与绿地在景观质地色彩上的差异，使两者自然过渡。

c. 道路绿地　居住小区主要道路两侧的道路绿化用地。一般居住小区干道和组团道路两侧均配植行道树，宅前道路两侧可不配植行道树或仅在一侧配行道树。行道树树种的选择和种植形式，应配合不同道路类型的空间尺度，在形成适当遮阳效果的同时，具有不同于城市街道绿化的景观效果，能体现居住区绿化活泼多样、富于生活气息的特点。在树种选择方面，道路空间尺度较小，应选用树形适中的树木，如南方城市中采用无患子、广玉兰、白兰、香椿、合欢等，这些树种大都有优美的自然树形，有春花秋色的季相，又有较好的夏季庇荫效果；在种植形式方面，不一定沿道路等距离列植和强调全面的道路遮阳，而是根据道路绿地的具体环境灵活布置。如在道路转弯、交汇处附近的绿地和宅前道路边的绿地中，可将行道树与其他低矮花木配植成树丛，局部道路边绿地中不配植行道树；在建筑东西向山墙边丛植乔木，而隔路相邻的道路边绿地中不配植行道树，以形成居住小区内道路空间活泼有序的变化，加强小区内开放空间的相互联系，有利于小区环境的通风，形成连续开敞的开放空间格局等。

d. 公共服务设施所属绿地　指小区内各类公共建筑和公用设施的环境绿地，如会所、幼儿园等用地的环境绿地，其绿化布置要满足公共建筑和公用设施的环境要求，并考虑与周围环境的关系。

项目名称：太平洋坎纳公寓
设计团队：Miller Company Landscape Architects

此项目有三个主要的目标：贡献美丽的社会性空间，制造人民的绿洲，唤起当地特有的社会历史感。设计将空间与人紧密联系。首先项目与街道的视觉是交叉的，避免了与世隔绝的效果，街道变成行人通道，接着处理修整街景，建立起公众形象。雕塑物及植物位置明显恰当。广场有标志性的棕榈树，绿地蔓延在街道上，点缀以树木，节奏干净明快。

在楼间绿地的处理时，对居民的隐私进行了保护。空间处理得周到细致，三个葱葱郁郁的空间还栽培了可以食用的植物。中央走道串起各组空间，并离开建筑一段距离，为进入建筑的私人花园留出空间，并保护用户隐私。食用植物的栽培，会突出人们对大自然的风雨的关注以及运用。

每一个庭院的设计和材料都是有所区别的，为人们提供丰富多彩的体验。在餐厅庭院可以在凉棚下享受荫凉，座椅也是定制的，非常舒适。棕榈延伸进楼宇空处，石板路引导人们前行，雨水从屋顶收集进卵石槽，在通过玻璃槽流至到附近河流的补给含水层中。晚上玻璃槽被照亮，非常漂亮。

起居室庭院的重点是明亮的色调还有定制的矮桌，以及非常适合交谈还有休息的U型椅子，灌木，蕨类植物，棕榈树，创造出了葱郁的热带效果。

图1 平面图

图 2 住宅入户前的家具布置成为住户间沟通交流的场所
图 3 道路两侧雨水口覆盖回收的玻璃
图 4 走道与建筑保持了一定的隐私距离
图 5 基地的历史痕迹被保留下来作为装饰物

图 6 大量运用透水材料与实土种植温润了宅间环境
图 7 葱郁的植物
图 8 便捷的园路串起了各家各户
图 9 石灰岩装饰物是当地特色的材料
图 10 入口植物搭配形成的半开敞空间

8

9

10

项目名称：天津万科水晶城

最大限度地保留历史蕴含设计师在对水晶城设计时首先考虑了历史的因素。规划设计运用了对比的手法，对天津玻璃厂地块的现有建筑进行有意识的筛选保留，将它们融入新社区的规划当中。

水晶城把老的、历史的东西延续下来，遗迹留存和水晶城现代风格的建筑在区域内是叠加关系。新的建筑叠加在旧的天津玻璃厂的遗迹之上，使留存的遗迹在外界不断的刺激下，演化为可发展、可发生的一个平台，形成社区生长的可持续性。水晶城是历史的，也是生长的，促使新来的居民与之产生启发和交流，有了时空维度上的层次感。

现状的绿轴，把它做成一步行路，利用现状的绿树。原来有一个很完整的花园，还有现成的很多树，做成一个广场。应该有定期的音乐活动、庆祝会。

像欧洲小城普遍设有小广场作为“城市客厅”一样，巨大的材料库叠加的中心会所可以说是整个水晶城的“城市客厅”。它位于总体规划中“Y”字型景观轴的交叉点上，形成整个小区的几何中心和视觉焦点。

图 1 铁轨被保留下来处理成特色的种植带

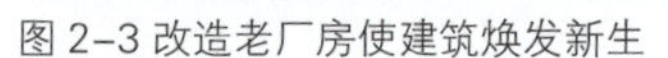

图 2–3 改造老厂房使建筑焕发新生

图 4-7 部分场地内的工业遗址再造
图 8 老火车头成为该地区人文景观的标志物

项目名称：北京中信城沁园

项目位于二环内，菜市口大街繁华地带，周围有很多著名历史建筑遗迹，如法源寺、谭嗣同故居等。同时也有很多现代地标性建筑，如中国移动北京公司大楼、中国网通总部大楼等。是一个非常典型的古典与现代、繁华与安静，多种文化相交融的当代北京老城区。景观设计可以提取周围历史文化底蕴及地块优势，塑造出新中式古典园林景观。

项目空间较为规整，但过于单调。景观设计以新中式元素作为点睛之笔，秉承崇尚自然、尊重自然、回归自然地设计理念，减少高大建筑对人的压迫感，丰富空间层次，使得宅间景观更具亲和力。利用良好的基地条件做出了丰富的地形变化，园路蜿蜒其中，随地形高低变化，一条龙溪由西至东，逐级跌落，景观效果追求自然，消除人造痕迹。

园林景观中，多选用青砖、瓦片、地雕等突出中国古典元素的材料。入口广场，在中心处“福、禄、寿、喜”纹样地雕为主，配以青瓦、青色、白色花岗岩，自然面料石等多种铺装材料，突出中式园林特色。

图 1 新中式风格庭院与办公建筑背景的融合

图 2–3 植物配置层次丰富
图 4 尺度宜人的亲水休息空间
图 5–7 传统材料与符号以新颖的形式重新演绎

图 8 小区内硬质景观大量运用透水材料
图 9 开敞空间维持一定的序列逻辑

图 10 住宅组团入口处朴实却精到的造型处理
图 11 构筑物着力细节的刻画与材料的搭配

滨水景观设计

7

1. 城市滨水景观设计概述

城市滨水绿地是临近水体区域而建，专为居民提供观赏、休闲、游憩、文化交流的公共绿地空间。城市滨水绿地的生态环境对城区布局、改善生态环境、创造怡人的生活、发展空间具有重要的作用（图 7–1）。城市滨水景观是一种独特的线状景观，是形成城市印象的主要构成元素之一，极具景观美学价值。滨水植物景观是滨水景观的重要组成部分之一，因此，充分重视和建设好滨水植物景观，有助于城市形象的改变与提升，强化地区和城市的识别性。城市滨水景观在提升城市形象、扩展城市休闲空间，发展旅游等方面起到了一定的积极作用。"我国城市滨水资源已非常稀缺，要让稀缺资源真正发挥应有的社会效益和环境效益，就不能光从观赏的角度出发，而应更多地着眼于滨水景观的使用功能。

滨水景观设计，即充分利用自然资源、文化资源等，把人工环境与自然环境和谐相融，增强水域空间的开放性、可达性、亲水性、连续性、文化性等，使自然开放空间能够越来越好的调节城市环境，从而保障了城市格局的科学、合理与健康。城市滨水景观设计，在很大程度上昭示着一座城市的文化内涵和品位；同时，滨水区景观的塑造也是寻求新的商业价值的手段。

2. 城市滨水绿地公园的作用

从城市的发展历史来看，城市的发展一刻也离不开水，城市的历史文化与水息息相关。城市滨水绿地是城市公共开放空间的重要部分，是人类感知水的活动场所。同时，城市滨水绿地也能有效提升一个城市的整体感知性，它在提高城市环境质量、丰富城市景观和促进城市社会经济发展等方面发挥着极为重要的作用。凯文·林奇的《城市意象》中提出城市空间景观的五要素：道路，边缘，节点，地标，广场。滨水绿地既是城市的节点，其本身又同时涵盖了这些景观要素。其景观设计对城市整体形象的塑造与提升，城市环境生态的保护和改善起着重要的作用。作为展示城市面貌的窗口，以舒适宜人的环境，陶冶市民的情操，净化市民的心灵，影响市民的行为。

3. 城市滨水绿地景观设计重要意义

成功的滨水景观规划设计，在城市的空间整合、景观塑造、提高城市整体质量等方面具有深刻的意义，有利于强化人们心中的地域感，塑造出美丽的城市形象；并以此带动整个城市持续健康的发展，因此，对滨水景观规划设计的研究具有重要的现实意义。

4. 城市滨水线性景观概念

滨水区的空间类型根据水体的走向、形状、尺度的不同，滨水空间可以分为线状空间、带状空间和面状空间三种。线性空间的特点是狭长、封闭，有明显的内聚性和方向性。线状空间多建构于窄小的河道上，由建筑群或绿化带形成连续的、较封闭的侧界面，建筑形式统一并富有特色，两岸各式各样，因地制宜的步道、平台、阶地和跨于水上的小桥，整体上给人一种亲切、平稳、流畅的感觉。带状空间的特点是水面较宽阔，连接两岸建筑、绿化等构成的侧界面可空间限定作用较弱，空间开敞；堤岸兼有防洪、道路和景观的多重功能；岸线是城市的风景线和步游道。面状空间的特点是水面宽阔尺度较大、形状不规则、侧面对空间的限定作用微弱，空间十分开敞。面状空间中水面背景作用十分突出。较大的河流经过城市，沿河流轴向往往形成带状空间。

图 7–1 城市设计景观规划围绕河湖水系展开

1. 防洪原则

滨水园林景观是指水边特有的绿地景观带，它是陆地生态系统和河流生态系统的交错区。在滨河景观设计中除了要满足休闲、娱乐等功能外，它还必须具备一项特殊的功能，就是防洪性。以武汉江滩景观为例，在长江边上的景观是武汉的标志式的景观带，它在满足市民的文化需求，城市景观的优化发展的同时还必须具备防洪的功能。

在有洪水威胁的区域做景观设计就必须在满足防洪的需求的前提下进行景观设计。在防洪坡段可以利用石材进行设计，利用石材的形式的变化或者肌理的变化塑造不同的视觉体验。同时还可以利用水生植物或者亲水的乔木进行植物的设计，在丰水期或是有洪水的日子中植物虽然被淹没但是堤坝的防洪功能并没有被减弱，洪水也影响不了堤坝之上的景观。与此同时水下的植物会给水下的生物提供食物和栖息地，这对于物种的繁衍生息也有促进作用。在枯水或者没有洪水的日子里，水生植物和亲水的乔木可以美化堤岸的环境，同时还可以给游人提供一个休憩的场所，使得游人能够更加贴近自然感受大自然的气息。

2. 生态原则

景观规划、设计应注重“创造性保护”工作，即既要调配地域内的有限资源，又要保护该地域内美景和生态自然。像生态岛、亲水湖岸以及大量利用当地乡土植物的设计思路，用其独有的形式语言，讲述尊重当地历史、重视生态环境重建的设计理念。

3. 美观与实用原则

现代景观设计的成果是供城市内所有居民和外来游客共同休闲、欣赏、使用的，滨水景观设计应将审美功能和实用功能这两个看似矛盾的过程，创造性地融合在一起，完成对历史和文化之美的揭示与再现。

4. 植物多样性原则

在滨水区沿线应形成一条连续的公共绿化地带，在设计中应强调场所的公共性、功能内容的多样性、水体的可接近性及滨水景观的生态化设计，创造出市民及游客渴望滞留的休憩场所。

5. 空间层次丰富原则

以往的景观、园林设计师们非常注重美学上的平面构成原则，但对于人的视觉来讲，垂直面上的变化远比平面上的变化更能引起他的关注与兴趣。滨水景观设计中立体设计包括软质景观设计和硬质景观设计。软质景观如在种植灌木、乔木等植物时，先堆土成坡形成一定的地形变化，再按植物特性种类分高低立体种植；硬质景观则运用上下层平台、道路等手法进行空间转换和空间高差创造。

6. 城市景观统一原则

滨水景观带上可以结合布置城市空间系统绿地、公园、营造出宜人的城市生态环境。在适当的地点进行节点的重点处理，放大成广场、公园，在重点地段设置城市地标或环境小品。将这些点线面结合，使绿带向城市扩散、渗透，与其他城市绿地元素构成完整的系统。

图 7-2 设计阶段城市滨水区常作为研究重点 (a，b)

1. 商业办公区

商业办公区主要包括各类商业零售、管理办公和商务办公等。在滨水线形景观区开发一定数量和规模的商业办公区可以在提升环境品质的同时提升地块的经济价值。同时，商业办公性质的建筑因其高耸的造型往往在整个区域中处于一个比较中心的位置，形成标志性空间。此外，商业办公功能还可以聚集人气，活跃整个区域的人文景观。

2. 居住生活区

包括各类居住小区以及与之相配套的公共服务设施。滨水是现代居住环境是否高尚的一个重要标志，居住功能除了作为商业办公做配套外，还可以作为房地产开发项目，一方面保证的经济收益，同时吸引了高素质的中产阶级来此居住，提升了整个区域的消费档次，挖掘消费潜力。

3. 餐饮娱乐休闲区

包括各类满足人们吃、喝、玩、乐的场所。规划时应注意成片布置和散点布置相结合，结合水的主题创造有特色的吃住文化。

4. 大型公共功能区

主要包括大型博览、体育中心以及各类演艺中心等为公众服务的文化体育设施。滨水区域是大型公共功能绝佳的建设地点，自然的滨水环境为大型公共功能提供了优越的外部条件；同时，大型公共功能因其区别于一般民用建筑的特殊造型，往往会和自然的滨水环境交相辉映，甚至成为整个区域的标志，澳大利亚的悉尼歌剧院就是一个很好的例子。

5. 生态保护区

包括生态斑块、水体、生态湿地、岸线潮间带、卫生防护林带、水土保持林带及各类生态廊道等。生态保护区是滨水区乃至整个城市可持续发展的重要保证之一。应强调滨水线形景观作为绿色廊道与蓝色廊道的生态走廊功能。

6. 历史人文保护区

包括区域内有价值的历史遗迹、传统街区、传统村落和具有地域特色的人文地段的保护和开发。对早期保存下来的老建筑、灯塔、桥梁、码头和船坞等进行精心的保护和修缮，或恰如其分的适应性再利用；对当地原有的传统习俗、节日庆典、生活习惯、特色商店、餐饮等的发展予以鼓励和支持；对有特色的滨水街区的结构和纹理进行谨慎的分析与研究，以保证新的规划设计不会破坏历史基质。

7. 预留发展用地

作为一项区域性质的开发活动，预留发展用地是非常重要的。一方面它可以保证区域内部功能之间发展的平衡性；另一方面它保证了整个区域的动态、可持续发展。预留发展用地的用地选择一般要考虑到现阶段的非重要性和将来的发展趋势，体现其真正的预留发展的作用。近期建设通常是将在考虑现状条件的基础上，将其规划成绿地。

图 7-3 城市滨水绿地常承载多种功能 (a，b)

城市滨水绿地场地分析应结合不同空间形态，滨水区的空间形态就一般意义而言主要包括以下几个组成要素：自然空间、亲水空间、交通空间以及情节空间（图 7–4）。

1. 自然空间

主要指绿化空间，包括植物造景、空间中的小品及游憩休闲设施、节点与边界、滨水景观视廊、滨水天际线等方面。在进行滨水区的景区、景点的设计中，应以滨水区线性的内在秩序为依据，以延展的水体为景线，组织景观空间序列，形成从序曲、高潮、直至尾声的视觉走廊。一般认为，河流植被的宽度在 30m 以上时就能有效地起到降低温度、提高生境多样性、增加河床沉积和有限地过滤污染物的作用。

2. 亲水空间

包括水体空间、滨水界面空间以及滨水步行空间。水边给人的感觉不同于城市其他区域，因为水域存在一种视觉的愉悦感、舒适感，看到水总是令人开心的。滨水区在越来越呈无机性的城市形态中是一个能感知生命和自然的极宝贵的空间。亲水性是滨水区规划能否成功的关键。滨水区必须吸引人，而吸引人的原则是满足人的行为和心理需求，人在滨水环境中行为心理总的特征就是亲水性，当然这是以自然、清洁的水体为前提的。现代城市规划设计的本质应是体现对人的关怀，因此在滨水区开发中要尽可能做到“可见”、“可近”、“可触”水。

3. 交通空间

包括滨水区绿地内部的交通联系及其与外围的交通联系。

4. 情节空间

主要指把城市的历史文脉融入到景观设计中，通过人文景观的设计提高景观的艺术魅力，给人们想象的余地和心理体验的空间，也包括通过自然景观的设计来达到这样的目的。城市景观研究的基本思路就是运用城市设计的基本原则，坚持文化的概念，通过对物质景观要素的再塑造，体现城市高尚生活情趣和高雅文化品位，从而唤起人们对认知形象的美好联想和心理体验。

图 7–4 不同的滨水绿地空间（a，b，c，d）

1. 城市滨水绿地景观要素构成

城市滨水景观空间系统的要素种类繁多，千姿百态，并随着城市的不断发展，呈现出多元化、复合化的趋势。如果从要素属性角度，可以简略地将其划分为蓝带要素、灰带要素、绿带要素和文化要素与美学要素。其中蓝带要素、灰带要素和绿带要素属于物质形态上的构成要素，而文化要素与美学要素则属于精神形态上的构成要素，它们一起构成了城市开放空间与水道紧密结合的优越环境。

①蓝带要素：蓝带要素指的是城市中的水体以及河流的护岸。在滨水景观和城市设计中不能破坏原有水体对气候的调节渠道，应扩大水体对微气候的影响范围，如在城市的滨水景观空间开辟生态走廊引导凉爽、潮湿、新鲜的空气进入城市内陆区域。

②灰带要素：灰带要素指的是滨水景观中的人工景观要素，包括有标志作用的桥、城市天际线；起节点作用的广场、游园、码头；还有道路、标识系统，休闲设施、公共艺术品等。人工景观设施升华了自然河流的魅力，不光要满足观赏要求，还应当具备符合大众心理爱好的亲水功能。

③绿带要素：绿带要素指的是城市中具有自然形态或由自然元素经人工组织而成的具有生命力的绿化景观要素。“水”和“绿”是城市中象征自然的要素。“河水”和“植绿”演绎出浓烈的一体感，形成更为河流化、象征亲水性的景观。同河流成为统一体的绿色植物是重要的景物，作为线形绿化带构成了城市公园的绿地系统。

④文化要素：在城市空间众形态中，水是一个最为活跃的元素，有极为丰富的姿态和语义，水的韵律、水的空灵、水的舒展、水的豪放……会为城市形象增添许多的意蕴与品味。可以说，滨水城市之水是城市的灵魂，是地方文化的精神。

⑤美学要素：美是指人们对外界事物主观积极的感受。对于美很难有一个标准的评判尺度，但人类目前对美已经形成的一些公认的基本美学原则已经被设计师作为设计原则或在潜移默化的影响着设计师的思维。滨水区休闲空间的美学要素包括自然美和人工美两方面，自然美的特点是随机性和多变性，如潮汐、日升日落、四季变化等，而人工美则表现了设计者的感性和理性两方面的思维，如滨水建筑、广场、城市天际线和各类人工休闲环境。

2. 城市滨水绿地景观规划设计的原则

①贯彻以人为本的人文原则；

②体现可持续发展的生态原则；

③把握城市空间布局的整体性原则；

④倡导继承与创新的文脉原则；

⑤突出个性创造的特色原则；

⑥重视公众参与的社会原则。

3. 城市滨水绿地景观规划设计的步骤

滨水线形景观园林绿地规划设计是把综合的高质量的滨水景观作为目标的。在规划与设计中，景观规划是位于防洪规划、水利规划并举的城市环境保护规划中的，其中任何一个规划，脱离开相关规划而完全独立都是不行的。景观规划设计应该把防洪置于优先地位，按不同的要求来做景观规划与设计。滨水线形景观园林绿地规划设计一般包括以下几个过程。

①资料调查分析阶段

②初步规划设计阶段

一是定规划设计的基本目标、方针和要点，二是确定功能布局。

③实施设计阶段

待规划设计方案确定后进行具体设计阶段。（见下页具体设计需要掌握的条件表）

滨水景观设计之初要进形充分的调查（表 7–1），并整理出设计需要掌握的条件表（表 7–2）

表 7–1 资料调查分析

调查项目		内容
自然生态特性	水系方面	水系范围、水质、流况、水底标高，河床情况，常水位、最低及最高水位，水质及岸线情况，地下水状况等
	地形、地质方面	位置，面积，用地的形状，地表起伏变化状况，走向，坡度等
	气象方面	每月最低，最高和平均气温，湿度，降雨量，风力，风向等
	植被方面	原有陆生、水生、湿生植被的种类，数量，生长势，群落构成等
	生物生态	
空间景观特性	河滩土地利用现状	
	河流构造现状	河流平面、剖面（形态、尺寸）
	河流景观资源	原有建（构）筑物（种类、位置、规模、用途、材料等）
社会经济特性	规划发展条件	城市规划中的土地利用，社会规划，经济开发规划等
	交通条件调查	建设用地与城市交通的关系等
	现有设施调查	建设用地的给水、排水设施、能源、电力、电讯等情况
历史文化特性	历史文物	文物古迹种类，历史文献中的遗迹等
	民俗活动	传统节日、纪念活动，民间特产，历史沿革等
心理行为特性	河流利用现状	主要景观的利用方式、视点、利用频率、时间、利用者景观意象
	居民意识	对河流整治状况了解情况；对河流整治的建议；对周围景观是否满意？希望河流进行哪些改善

表 7–2 具体设计需要掌握的条件表

设计阶段	调查项目	内容
方案细化	城市规划	当有城市规划与预测、交通规划、基础设施规划、城市环境与景观等
	经营	预算、资金、效益等
	工程技术	测量、基本法规、所有权、周围地块状况、地下物体、用地性质、开发强度、公害状况、景观、自然环境、水位、水面面积、水质、植被、开发界线、给排水、燃气、电、垃圾处理设施等
建筑设施设计	设施概要	设施名称、功能、数量、规模、风格、相互关系等
	交通路线	主要出入口、步行路线、车行路线、服务路线、交通枢纽设施的关系、停车场位置与规模等
	景观	内部景观、外部景观
施工设计	地表	面积、宽度、深度、类型、式样、质感、肌理、断面结构与形状、费用、排水系统、散水、耐用年限、施工顺序
	植被	土壤厚度、土质改遭、透气、给水、斜面植栽、灌木、地被植物、树种

1. 道路系统的构架

①城市道路：城市道路主要包括规划区外围和穿越规划区的为城市服务的各级城市干道和城市快速路。城市道路系统是城市总体规划中的一部分，具有不可更改性。但在具体规划设计时，如果发现规划区域内的城市道路的设置有不合理性时，可以向上级规划部门反映，并说明其理由。但一般情况下，应该尊重上级城市规划。

②区域主干道：区域主干道是规划区内的主动脉，它负责将区域内各主要功能要素串联起来。因此，区域主干道的线性往往受功能布局的影响，呈现闭合的环状、半环状、曲线状和直线状；线性设置要注意区域主干道和各功能要素的内部的关系，根据功能要素内部的需要，形成穿越或相切的关系；线性设置还应该考虑和城市道路、交通枢纽或中转站的衔接，同时还要兼顾景观性、亲水性和休闲性。

③支路：支路其实是规划区内各功能要素内部的主路。因此，支路的设置一般根据各功能要素内部的空间规划要求而定，但一定要考虑和区域主干道的衔接。有些由于功能要素所处位置的特殊性或功能的特殊性，也可以跨级直接和城市道路衔接。在对支路进行断面设计的时候，要注意把握好尺度，体现人情味。

④辅路：对于较大区域的规划，可能支路并不能解决所有的交通问题，因此，应该规划辅路来保证所有功能空间的通达性。辅路设计一般较灵活，其原则和支路类似。

2. 道路横断面的设计

①车行道：车行道是供一纵列车辆安全行驶的地带，机动车道的宽度取决于车辆的外轮廓宽度、横向安全距离以及不同车速行驶时车辆摆动宽度。一般当计算行车速度大于 40km/h 时，采用 3.75m，反之为 3.5m，支路及交叉口进口道的宽度不宜小于 3m。

②非机动车道：非机动车道的设计一般以自行车为主，设计标准双车道宽度为 2.5m，三车道为 3.5m，四车道为 4.5m，机非分流的非机动车道宽度宜采用 4.5~6.5m，机非混行的道路断面上，非机动车道的宽度不得少于 2.5m。

③步行道：人行道的主要功能是满足步行交通的需要，同时应满足绿化布置、地上杆柱、地下管线、交通标志、信号设施等的需要。人行道的宽度最小不宜少于 2.5m，其上限可以根据区域功能或景观的需要来定。

④绿化隔离带：绿化隔离带是位于车行道、非机动车道和步行道之间的软质设计要素。其主要作用是进行空间隔离、行为和心理隔离、景观、遮阳及吸收噪音的作用。

3. 城市滨水区公共交通站点规划

公共交通站点的设置应符合下列规定

① 在路段上，同向换乘距离不应大于 50m，异向换乘距离不应大于 100m；对置设站，应在车辆前进方向迎面错开 30m。

② 在道路平面交叉口和立体交叉口上设置的车站，换乘距离不宜大于 150m，并不得大于 200m。

③ 长途客运汽车站、地铁站、客运码头主要出入口 50m 范围内设公共交通车站。

④ 公共交通车站应与快速轨道交通车站和水陆交通站点有方便的换乘。

⑤ 快速轨道交通车站和轮渡站应设自行车存车换乘停车场（库）。

⑥ 公共交通停靠站最好不要占用车行道。停靠站宜采用港湾式布置，一般港湾式停靠站长度，应至少有两个停车位。

⑦ 换乘中心一般应该布置在人流最密集、功能最复杂的区域。

4. 休闲步行系统的多样化设计

① 环境的多样化：滨水区休闲空间的丰富性决定了休闲步行系统环境的多样化，自行车专用道和休闲步道可穿梭于山林之中，也可游离于滨水岸线，还可与景观大道相结合。

② 线型多样化：休闲步行系统的设计线型应根据其环境而不断变化，在自然山区或滨水岸线，其线型应结合等高线设计与直线型的景观大道相结合的休闲步行系统，其线型设置也应有所变化，不能完全平行于景观道。

③ 与其他交通系统结合的多样化：由于休闲步行系统具有很强的灵活性，因此在与其他交通系统结合时也表现出多样化的特征。一般应尽量与公交系统和水上交通系统结合起来布置，同时还要和城市道路和区内道路有一定的结合，这样才能保证它与整个城市或区域通达性和多选性。

④ 与休闲设施结合的多样化：作为一种休闲的出行方式，休闲步行系统可以和很多休闲设施相联系。如野餐、露营、度假小屋等陆域休闲活动设施，游泳、钓鱼、沙滩活动等水域休闲设施。

5. 视线走廊的规划设计

视线走廊即视廊，它的作用就是规定一个空间范围以保证视线的通达，使人与自然或人文的景观保持良好的视觉联系，避免优美的景观受到遮挡。它是滨水线形景观规划设计的一个基本内容，是展现城市空间景观的重要途径。

6. 滨水天际线的规划设计（图 7-1，图 7-2）

城市天际线是城市空间体系研究中一个极为重要的方面。它不仅为人们展现了一个城市在高空和远距离的城市风貌，同时也是展现一个城市的地域文化历史沿革的标记。在本质上，天际轮廓线的形成不是预想秩序的结果，而是在城市的发展过程中历经千百年逐渐形成的。

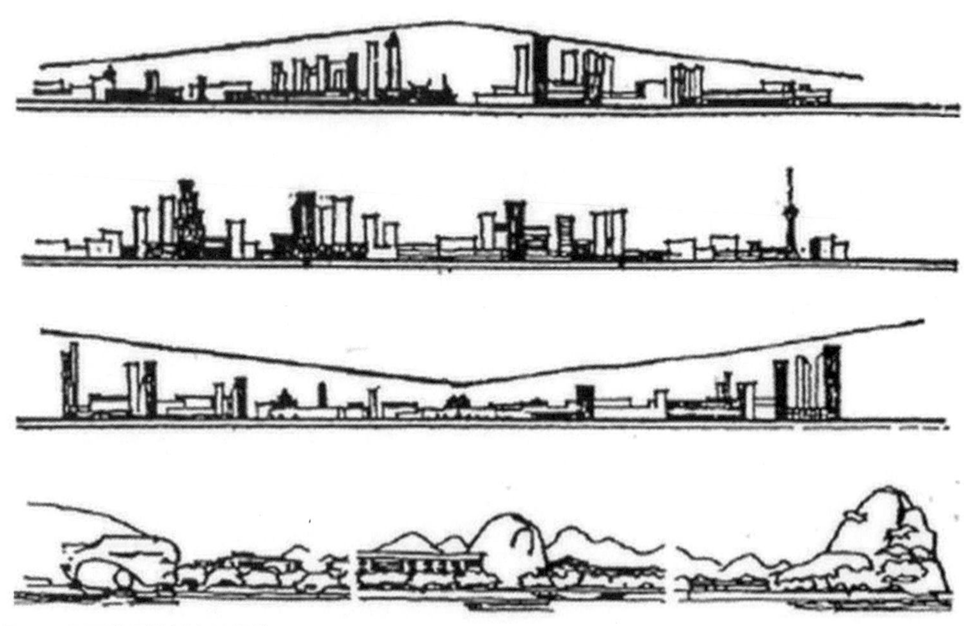

图 7-1 不同类型的城市天际线

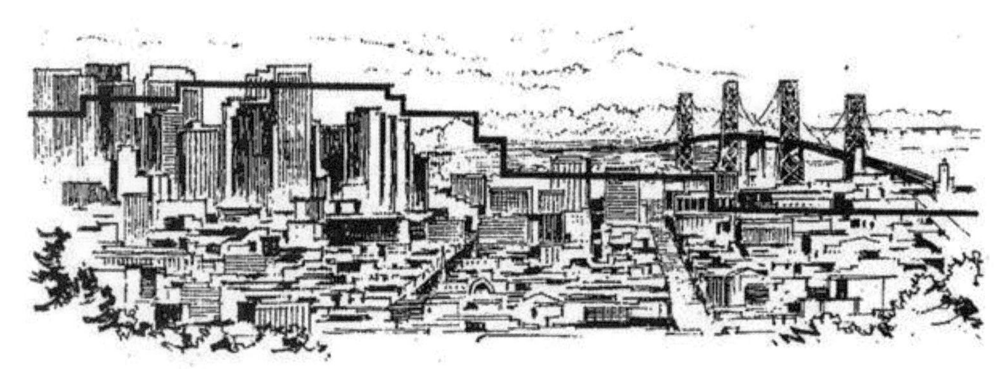

图 7-2 美国旧金山建筑高度控制线

7. 重要的景观节点设计

①桥梁：城市桥梁的美，不只体现在孤立的桥梁造型上，更主要的是体现在把桥的形象与两岸城市形体、环境、水道的自然景观特点有机地结合。因此在桥梁设计时应从力求保持自然环境固有的秩序和烘托城市空间的原则出发，充分重视城市桥梁的空间形态作用，使桥梁成为城市空间的重要组成部分。精心设计的桥梁应该是具有可识别性的独特的景观。同时为避免桥梁对空间景观的割裂，应着重处理和利用桥体两侧及桥底特殊空间，保持线形景观的整体性与连续性（图 7–3）。

②码头：最好设置成阶梯护岸和缓坡护岸，如果用地比较紧张的话，也可以采用两级护岸。对于城市码头本身，根据它所处的场所，有的是水位可调的水渠和运河，有的是水位变动很大的潮汐河段，因此其基本结构是不同的。如果水位变动小，可采用固定结构，可以作为对岸景中的一个小品建筑来考虑，同时需要强调充满期待感的引桥、舒适防滑的铺装及与水边协调的护栏等。对于在水位变动大或者季节性的临时码头，码头本身的造型倒可以简洁。即使如此，板面材料和饰面、扶手和系缆桩的造型及色彩等也要给予细致考虑。

③驳岸：在滨水区，驳岸是水域和陆域的交界线，人们在观水时，驳岸会自然而然地进入视野；接触水时，也必须通过驳岸，作为到达水边的最终阶段。因此，驳岸设计的好坏决定了滨水区能否成为吸引游人的空间（图 7–4）。

图 7–3 不同的桥梁造型对城市的视觉影响

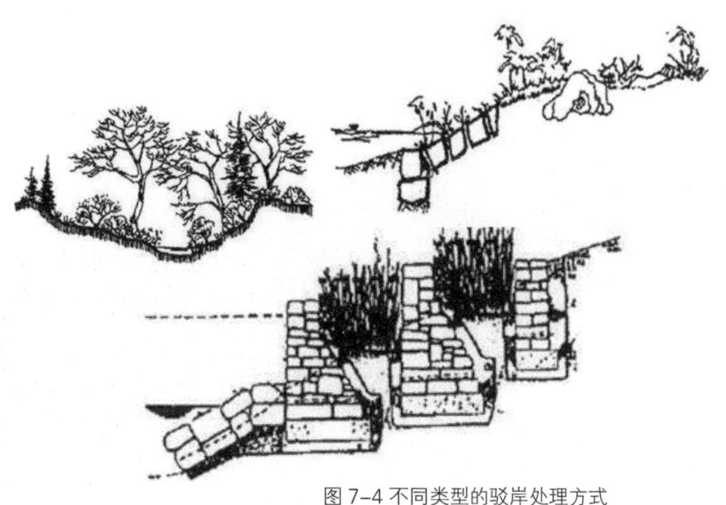

图 7–4 不同类型的驳岸处理方式

项目名称：上海世博后滩公园
设计团队：土人公司与北大景观研究生院共同设计

场地是钢铁厂和造船厂的工业废弃用地，紧邻黄浦江。被改造成为再生的景观，人工湿地，并具有防洪功能。充分利用恢复性的设计策略，处理受污染的河水，并形成美丽的河滨。

设计目标：呼应绿色世博，展示绿色技术，改造出让人难以忘怀的个性空间，世博结束后成为永久性公共海滨公园。

设计挑战：恢复退化的环境。现场很多工业垃圾，水质也是污染最重、等级最低的。

改善防洪条件：千年防洪堤死板僵化，也不利于生态环境

图 1 平面图
图 2 鸟瞰图

图 3 单一性植物几何化种植具有别样景观美感
图 4 纯粹的水生植物景观
图 5 临水空间布满水生植物
图 6–7 构筑物的造型尊重了周边既存环境

项目名称：瑞典某滨海带状景观绿地
设计团队： Nyrén s Architects

这个现代感十足，线条简单，形状有机的滨海带状景观是 2012 年瑞典景观奖 Sienapriset 赢家。

该滨海带状景观面西，朝海伸出 3 个顶端为圆形的浮动平台。人们走在其上，水波触手可及。即便是炎热的午后，这里也是避暑天堂，人们过来游泳、烧烤。景观带还配备了几个非正式的休息区与淋浴间。700 多米长的景观带，沿海的驳岸为波线状，混凝土制成，可以走人。一共由 4 部分组成。植物作为纵向上不同功能空间之间的间隔。最西侧是圆形的码头；东侧有一个圆形的日光浴区。此外相隔街道，有一个方形广场也属于这片绿地。这个方形广场是临前建筑的入口广场，十分简练，设置了一片花岗岩字母雕塑，一折弯座椅区，还有一个有由乔木丁香围合成圆形的树池座椅区，其象征着温馨的家庭，那质朴的外观在城市与众不用。

图 1 总平面图

图 2 漂浮平台与驳岸的关系

图 3 鸟瞰图

图 4 局部鸟瞰图

图 5 驳岸边缘处理岩层抵抗风浪的侵蚀
图 6 曲线水岸与绿化带勾画出流畅的空间
图 7 漂浮平台具有 360 度的观赏角度
图 8 漂浮平台实现真正的亲水

图 9–10 漂浮平台与驳岸通过金属桥连接
图 11 局部鸟瞰
图 12 活动广场鸟瞰

项目名称：广州珠江啤酒厂沿江景观
设计团队： 中国广州竖梁社

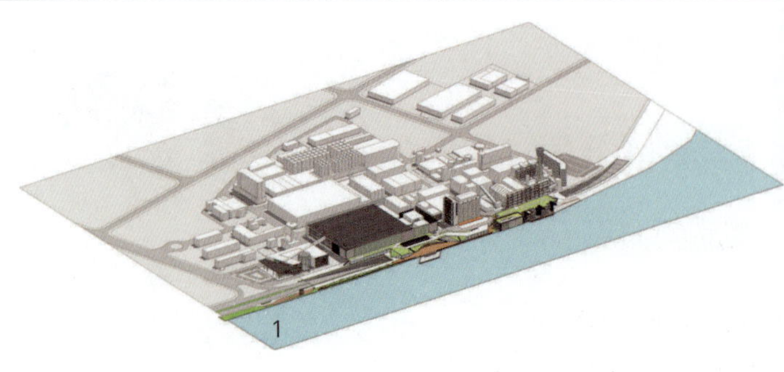

为迎接亚运会，珠江沿线需要进行景观整治，在亚运会开幕式场地 – 海心沙对面的珠江啤酒厂成为设计整治的重点。整治包括两个部分：一部分是美化珠江啤酒厂沿珠江一线的城市景观；另外一部分是创造城市活动空间。

设计的方法从地景式的建筑开始，由于珠江沿线有非常严格的高度限制，意味着要将建筑体量进行消解。同时为了创造公众活动的场所，希望能在珠江沿线线性的空间中增加具有集聚效应的广场。因此最终的形式采用交错发生的折线形式，这个折线形式形成一套形式系统，既呼应原有的珠江边的潮涨潮落，又具有参数化的形式逻辑特征。这套形式系统不但将建筑体量进行了消解，而且创造了不同的城市交往空间，以便于使用后进行能够吸引各种商业活动。

在景观和建筑材料细节上的把握，设计师关注于在如何通过具体的材料将复杂的功能与形式整合之外，还关心如何进行基于本地材料的廉价建造。施工过程中，设计师与施工对进行了对材料的各种实验。

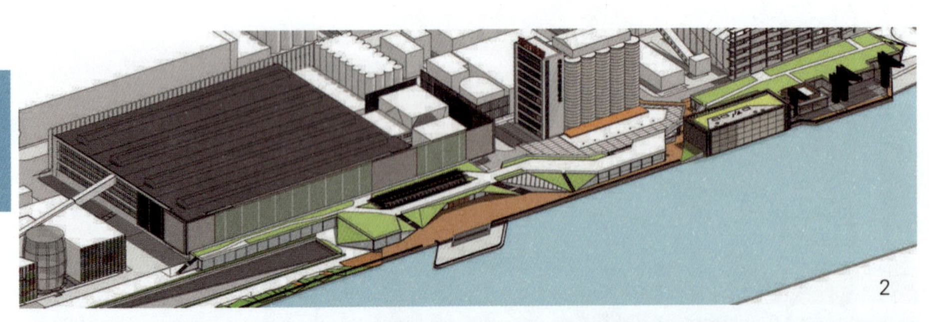

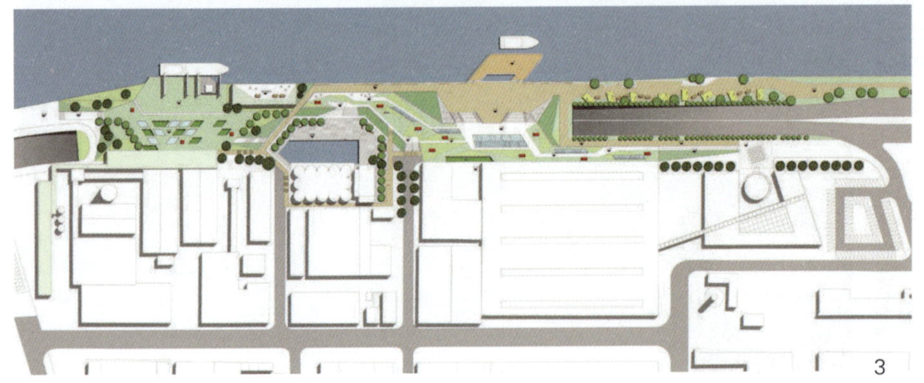

图 1 场地整体模型
图 2 场地局部模型
图 3 总平面图

图 4 室外就餐区
图 5 折线型使笔直的驳岸产生了变化
图 6 多种材料搭配的硬质设计

图 7–9 折线型语言延伸并丰富了空间感受

商业步行街景观设计

1. 概述

城市商业空间是城市的公共活动区域，步行活动和商业活动的统一体。自城市出现以来，商业空间就是城市结构的重要构成要素，也是大众生活独具活力的关键所在。现代社会，随着经济技术的发展，生活方式的转变，商业空间的形式与规模也发生了全新的变化，更多地介入城市职能，并结合城市开发，发展为集商业购物、旅游、休闲、娱乐、文化等为一体的多功能复合城市空间。其空间组织以步行系统为轴有机联系，使整个系列有收有放，序列感强，形成了较强的向心力和凝聚力。

商业街是由众多商店、餐饮店、服务店共同组成，按一定结构比例规律排列的商业繁华街道，是城市商业的缩影和精华，是一种多功能、多业种、多业态的商业集合体。

商业街指以平面形式按照街的形式布置的单层或多层商业房地产形式，其沿街两侧的铺面及商业楼里面的铺位都属于商业街商铺。商业街商铺与商业街的发展紧密联系，其经营情况完全依赖于整个商业街的经营状况以及人气，运营良好的商业街，其投资者大多数已经收益丰厚；运营不好的商业街，自然令投资商、商铺租户、商铺经营者都面临损失。

商业街按空间围合形态分为开放式步行街、半封闭式步行街、封闭式步行街（表 8-1）。

表 8-1 商业街类型及基本特点

商业街类型	基本特点
开放式步行街	指道路上方没有任何构筑物的步行街。这是最为普通的步行街形式，在此类步行街上，行人可以充分感受自然，最适合建成开场明快的商业街风格，但对当地气候要求较高，多雨雪、多风沙地区必须有针对性的进行相应的处理。
半封闭式步行街	沿街形成，一般与沿街的建筑形式有关，能构成一种特殊的、略带怀旧气息的风格，同时也可以抵消一些气候因素，尤其是雨雪天气对步行街的影响。
封闭式步行街	由建筑外墙、马路和顶棚围合而成，效果类似于大型室内购物中心，在自然气候条件较为恶劣的地区比较常见。

2. 城市商业步行街特点

①限制汽车的进入，考虑以人为主的使用与尺度。街道两侧必须增设人性化的点缀设施，包括路灯、广告、展示牌、钟塔、布告栏或特殊景物等。

②必须提供休息的空间和设施，例如休息座椅及观赏景观等。

③适度栽植绿化，精设铺面，以美化都市街道的景观和提升都市环境品质。

④引进与空间尺度相称的文化娱乐活动（图 8-1）。

图 8-1 开放式的城市产业往往形成城市最具活力的空间

图 8-2 不同地域和定位的商业步行街（a，b）

1. 人性化原则

步行商业街具有积极的空间性质，它们为城市空间的特殊要素，不仅是表现它的物理形态，而且普遍地被看成是人们公共交往的场所，它的服务对象终究是人。街道的尺度、路面的铺装、小品的设备都应具有人情味。

2. 生态化原则

生态化倾向是 21 世纪的一个主流。步行商业街中注重绿色环境的营造，通过对绿化的重视，有效地降低噪声和废气污染。

3. 善于利用和保护传统风貌

许多步行商业街都规划在有历史传统的街道中，那些久负盛名的老店，古色古香的传统建筑，犹如历史的画倦，会使步行商业街增色生辉。在这些地段设计步行商业街时，要注意保护原有风貌，不进行大规模的改造。如：南京夫子庙商业街、天津古文化街等都属于这种性质。

4. 可识别性原则

构成并识别环境是人和动物的本能。可识别的环境可使人们增强对环境体验的深度，也给人心理上产生安全感。通过步行商业街空间的收放，界面的变化和标志的点缀可加强可识别性。

5. 创造轻松、宜人、舒适的环境氛围

步行商业街是人流相对集中的地方，人们出入商场，忙于购物和娱乐，很容易产生心理上的紧张情绪，通过自然环境的介入，可以大大缓解这种紧张情绪，创造轻松、宜人、舒适的环境氛围。

6. 尊重历史的原则

最大限度保持自然形态，避免大填大挖，因为自然形态具有促进人类美满生存与发展美学特征。

7. 景观视觉连续性原则

步行商业街线形和空间设计具有从步行者步行的角度来看四维空间外观，且应当是顺畅连续的、可预知的线形和空间。

商业街中发生的活动多为自发性活动和社会性活动，人们可能出于休闲、社交、观光等愿望，人群所关注的纵向范围主要集中在建筑一层，所关注的横向范围在 10~20m 之间。在商业步行街设计中应该利用大量的装饰、广告、绿地、雕塑、座椅等，增加商业步行街亲切宜人的氛围，增加人们休闲购物的可能性，为人们提供良好的、健康的、舒适的步行环境。

根据人的行为方式，步行街应涵盖以下几个功能空间：

（1）行走和穿越空间

街道应设置一系列相互联系并供人停留的节点，以 200~300m 为间隔。从任何一个广场步行至下一个广场，均不超过 300m，这是一个创造连续感受、有活力的步行系统距离的上限值。

（2）停留空间

停留方式大致可以分为三种：可以依靠的物体、休息休闲座位、受欢迎的逗留区域。

（3）休憩空间

在商业街空间中只有创造良好的步行环境，并在合适的位置安排适当的座椅，人们才有可能安坐下来。

（4）观看、聆听与交谈空间

12~25m 左右的空间尺度是社会环境中最舒适尺度，人与人之间的空间距离与作用见表 8–2。

表 8–2 人与人之间的空间距离与作用

<table>
<tr><th>距离类型</th><th>距离</th><th colspan="2">作用</th></tr>
<tr><td rowspan="2">亲密距离
（0~0.45m）</td><td>近：0.15m 以内</td><td colspan="2">可闻耳语</td></tr>
<tr><td>远：0.15~0.45m</td><td colspan="2">亲密交谈</td></tr>
<tr><td rowspan="2">个人距离
（0.45~1.2m）</td><td>近：0.45~0.76m</td><td colspan="2">中等声音</td></tr>
<tr><td>远：0.76~1.2m</td><td colspan="2">个人介入</td></tr>
<tr><td rowspan="2">社会距离
（1.2~3.6m）</td><td>近：1.2~2.2m</td><td colspan="2">非私人事务</td></tr>
<tr><td>远：2.2~3.6m</td><td colspan="2">正式事务</td></tr>
<tr><td rowspan="2">公共距离
（大于 3.6m</td><td>近：3.6~7.3m</td><td>高声发言</td><td rowspan="2">户外的亲切距离为 12m；视距为 20~25m 时是社会环境中最舒适和得当的尺度，是安宁、亲切、宜人环境氛围的良好尺度；良好距离为 24m；最大感知尺度为 140m</td></tr>
<tr><td>远：大于 7.3m</td><td>公共发言、政治演说</td></tr>
</table>

1. 自然因素

（1）气候条件

首先考虑当地的自然气候条件，设计中首先要满足人的生理上的需求，包括行人的安全；提供给行人一个舒适的小气候环境，如夏季的防晒，冬季的防寒、防风、防滑；适应行人的体能特征。

（2）地形地貌

利用不同的地形地貌，在商业步行街的设计中创造出不同功能的场所与景观；利用改造地形，创造出有利于植物生长和有利于不同类型建筑的建设要求的商业步行街环境；利用地形地貌可以更好地解决商业街的排水问题。

在利用和改造地形地貌方面，以利用为主，改造为辅；因地制宜，顺其自然，节约资源，符合自然规律与艺术要求。

（3）地方材料

地方材料的运用是形成地域性特别重要的手段，具有鲜明形象的商业街应特别注意采用当地的材料，并注意结合当地传统的民居形式、建筑形式和具有代表意义的传统形式。

图 8-3 昆明某商业步行街设计方案

2. 历史和文化因素

（1）名胜古迹

界面设计应具有鲜明的文化特性，应体现和挖掘具有历史人文价值的题材，保留和保护有价值的建筑，形成极富特色的城市人文景观，以深厚的文化内涵感染人、吸引人，从而促进商业街的活力。

（2）历史建筑

对于历史建筑的保护和整治，可以依据建筑风貌的完好度、建筑的类型与特征等采取不同的保护整治措施，具体有保存、保护、更新、休景、控制等几项措施。同事还要从街区整体风貌环境出发加以综合判定，明确重点保护与整治的地段，使各个建筑相协调。

（3）传统风貌

注重历史，注重名街历史文化的延续性，以各主要历史风格作为商业步行街的主基调，注重体现原有建筑的建筑特色和历史文脉。历史形成的城市空间及其网络首先应该得到加强和保护，同事也要注重一些非物质（社会生活、民间习俗、生活情趣、文化艺术等人文环境特征）的历史文化的保护，他是城市历史文化中最有活力的因素（图 8-3，8-4）。

图 8-4 成都宽窄巷商业步行街很好地融合传统文化与现代商业

1. 商业步行街的尺度

（1）商业步行街的长度

人的步行适宜距离受诸如环境的吸引力、外界气候条件、街区设施等因素影响（表 8–3），步行距离一般以 800m 为适宜。

（2）商业步行街的高度和宽度与使用效果（表 8–4，8–5）。

确定宽度和建筑高度的要素包括：首先保证特种车辆（消防、救护以及货运车辆）的通行，其次以行人能站在街心观赏到两侧商店橱窗中的陈列品为宜，再次保证两侧建筑的日照条件。

不同街道宽度对人产生的心理效果也不同：考虑市中心的繁华，步行街宽度以 20m 左右为宜。一般商业街的建筑高度以 1~2 层为宜，局部店铺可以 3~4 层。

为了围合一个有场所感的空间，可以将街道分为一段一段的空间，长度为 200~300m 甚至更小，分隔的方法可以通过限定物、广场、重要的建筑物以及街道本身线性的变化。

2. 商业街步行空间的空间要素（表 8–6）

表 8–6 商业街步行空间的空间要素

空间要素		具体内容
空间位置		街道转角、街道侧面、街侧水平展开、街侧垂直深入
界面形态	水平界面	有效步行空间、地形与高差、地面形式
	垂直界面	商业界面的长度、经营单元的规模、底层开门数量、通透门窗占底层立面的比例、凹凸细节以及提供次级坐靠的可能性
功能业态		限定步行空间边界的沿街建筑内部功能、商业经营范围及其在街道上的延伸功能；步行空间中临时或永久建筑、摊点所提供的实用功能
环境设施	便利性服务设施	座椅
	商业设施	广告、标识、室外经营区中的座椅
	交通与安全设施	可靠坐的路灯、护栏、路障等
	技术设施	可坐靠部分
	景观要素	行道树、草坪、环境小品以及其中可坐靠部分

表 8–3 人的步行适宜距离

步行距离与时间	环境条件因素			
	缺乏吸引力	有吸引力但气候条件不佳	具有吸引力，有拱廊、雨棚的保护	极富有魅力的人工环境
距离（m）	180	380	750	1500
时间（min）	2	5	10	20

表 8–4 街道宽度与心理效果

街道宽度	心理效果
6~9m	能清楚看见街对面商店橱窗里的东西，人们可以自由、毫不费力地在街中穿行，是非常理想的步行购物场所
12m	给行人的心理效果依然亲切
20~25m	街道空间是宽松的，人们对周围的活动感兴趣，能清楚看到别人的活动

表 8–5（D/H）的环境效果

D/H	环境效果
1	传统商业街两侧建筑物多为一层、局部三层，空间断面的宽高比为“1”，这种空间尺度的空间感强，也是国内外学者公认的商业步行街最佳尺度
1/4	街道过于狭窄，感觉压抑
1/2	行人毫不费力地将街边物体左右纳入视线，亲切宜人
2~3	一般步行街常用的比例

3. 街廊空间的限定

街廊空间包括街面塑造空间的垂直界面、路面塑造空间的底界面、道路交通设施、街道环境设施。

良好的街廊空间有明确的空间限定。依靠边界、建筑立面、墙体等元素，按街廊边缘，框住人们的视线及视野范围。

4. 街道路线设计

不同街道路线类型具有不同特点（表 8–7，表 8–8）。

表 8–7 街道宽度与心理效果

类型	特点	类型	特点
折线型	视线不能穿透，远处建筑物角度改变，引导人前行	弧线型	封闭感很强，有很强的引导性
交错型	街道有小的构造物，把街道分割成较明显的两个场所	变位	建筑物的走向稍有偏差，看上去似乎把行人转向另一个方向

表 8–8 街廊空间的限定方式及特点

限定方式	特点
垂直界定	主要依靠建筑物、树木、路灯的高度来进行竖向空间的限定。重视距地面 10m 高度以下的街廊设计。因为人的视线高度主要集中在 10m 以下的部分，之内所有东西，包括建筑细部、垃圾桶、广告牌、道路铺装、照明设施等，都能给人留下一定的印象
水平界定	外部空间采用 20~25m 模数（参照日本芦原义信“外部模数理论”），进行建筑材质、色彩、和形式上的变化，以丰富街廊空间，或布置后退的小庭院，或改变橱窗状态，用各种办法营造节奏感。
高宽比界定	依靠两侧建筑物的高度与街道宽度之间的比例关系，力求垂直方向与水平方向街廊的协调发展。

5. 商业步行街公共空间设计导则（表 8–9，8–10）

表 8–9 整体性与可达性理论判断与设计导则

目标	参考元素	理论判断	设计导则
整体性	附属性	公共空间是商业街的一部分，不能脱离商业街独立存在	首要考虑的是公共空间作为商业街的一部分，如何对整体和整个系统起促进作用。对独善其身的追求是不可取的，内向封闭型的营造和商业街的缺少对话也应尽量避免（独立型）
	均衡性	公共空间的设置应考虑到人的疲劳曲线、停憩需求并满足街道所需的节奏感	至少每 300m 应设有一处较大的节点空间，并可供人休息、停憩其中
	异质性	连续体验到相同或相似的公共空间会由于心理感觉量降低，催生贫乏和厌倦的情绪；同质空间的并置也会分散使用者，并造成空间资源设施的重复建设	相邻或相近的空间设计时应避免同样的定位、性质和采用类似的布局，应在功能和设施的提供上与周边的公共空间有所差异和侧重，形成良性互补的关系
	效率与活力平衡性	公共空间与繁忙的交叉口并置时，交叉口所需要人流、车流的快速通过与公共空间所需的舒适停憩之间较难达到两全的平衡	公共空间应避免设置在繁忙的交叉口处，两套系统之间应注意相互的交错性
可达性	视觉可达性	①不可见的空间使用率较低； ②不为公众目光所及之处易成为不安全和破坏行为多发处	①高花坛、墙体等对人行道上的人流视线的遮挡（休闲绿地型）； ②空间中的视觉死角，利用穿行人流、路过人流进行监控、维护。
	步行可达性	①步行过程有很多衍生活动，空间作为去别处路途中可能路过的地方，可以大大提升随意运动的潜在可能性； ②在近端式的空间中，可进入性和便捷度影响了使用的人数和活动； ③台阶阻挡了步行的连贯性，也给使用者造成心理上的障碍	①街角位置的公共空间应留出两个方向上的入口，以形成让人行穿越的流线； ②没有可穿行路线的尽端式空间中，应向人行道设置多个开口，减少与人行道间的阻隔，与人行流线相适应，导入更多的人流； ③减少公共空间与人行道之间的高差，高差处理上用缓坡代替台阶，台阶可置于商场入口处而非前广场入口（商业广场型）
	功能可达性	①公共空间周边功能为人们提供了使用公共空间的理由； ②银行和办公楼冗长而单调的立面较少吸引人气； ③周边功能界面的开敞可促进内外空间渗透，促发活动； ④食物供应会为公共空间提供便利	①公共空间周边应减少设置围墙、纯大片绿化等不可进入和不可用的空间（休闲绿地型）； ②公共空间周边底层用途避免设置银行和办公楼，提倡零售商业、餐饮、咖啡厅等人流出入频繁的、面宽较窄的用途（商业广场型）； ③减少与人行道的后退距离，增加周边用途出入口，多提供开场的店面（商业广场型）； ④若周边底层用途无法提供食物供应，可在空间内设置饮料售卖点和小吃摊等（休闲绿地型）
	公众开放度	①收费的公共空间使用率不高 ②用实体，如铸铁栏杆、花架及木质花盘、路障等围合出明确的空间地块，显现出对公众的排斥 ③岗亭和不断巡逻的保安传达出私有的含义	①有节制的提供室外咖啡座，一般规模不宜超过 30 座； ②空间之间避免生硬的划分和强烈的对比区分（铸铁栏杆传达出强烈的隔离感，慎用），可用地面材质划分、植物等作为引导； ③空间应减少让人明显体会到的被管理感，试图营造使用者的主人意识和归属感，以利于维护

表 8–10 生理舒适度与行为心理舒适度理论判断与设计导则

目标	参考元素	理论判断	设计导则
生理舒适度	微气候	①阳光是第一要素，阴处广场不受欢迎，但夏季要考虑遮阳因素； ②冬日避风的场所才感觉舒适	①公共空间要保证阳光的照射时间，也可借用周围钢、玻璃、大理石建筑的部分反射光，照亮和温暖空间，来达到心理的舒适。种植应多采用落叶树，保证夏日遮阳、冬日透进更多阳光； ②公共空间应与周边建筑群综合考虑设计，避免建筑形式对环境造成的不良影响（商业广场型）
	可坐率	①正式座椅的利用率占50% 以上； ②对长椅的使用以两人居多，1~2m 的座椅绝大多数都被当做两人占用的空间； ③正式座椅领域感较强，分享较为罕见；非正式座椅领域感较弱，人与人之间间距较小； ④较少人坐在极窄、低矮的台阶和花坛上	①~③在地铁站等停憩需求人数较多的情况下，应多设置非正式座椅，保证更多人的坐憩需求；在其他公共空间，可设置适当的正式座椅以吸引使用者。多设置一人与两人的座椅，长椅的长度不超过1200cm最为经济，可单人座椅成组布置，以满足多种组合人群使用需求； ④休息座的高度以35cm以上为宜，有效宽度不小于30cm。花坛、台阶边缘等界面也均可坐。种植的灌木、水景等均应考虑人的坐憩
	空间的可视性	①在橱窗前驻足、评论、合影是商业街中的独特活动； ②透过玻璃看到商场里来往或坐着喝咖啡的人，也是不错的景观	①橱窗设计应较为通透、别出心裁，视线高度、进深较大（商业广场型）； ②临街的店面能通透开敞朝向人行道或外部空间的，尽量用玻璃的材质，以融合内外
行为心理舒适度	人和活动的集中	当人均活动面积超过50m^2，区域就开始死气沉沉	适当控制公共空间的总体尺度，慎重开辟超过1000m^{2}的商业街公共空间（绿地广场、公园前广场例外）（商业广场型）
	边界效应	边界存在着对人的吸引，后有依靠前有视野的地方受人喜爱	①增加边界的长度，不论是空间布置和座椅安排都应挑选这样的边界作为让人停憩的首选。边界应避免平直冗长，应有凹凸和变化； ②提供更多的设施支持，在入口等人流集中的区域、地铁出口广场等处设置免费取阅促销广告 I 或可看的广告牌，屏幕等（商业广场型）
	亚空间理论	停滞空间和运动空间应有区分，有各自的领域	穿行和停憩应位于距离不远的亚空间内，不得交织并置（商业广场型）
	"人看人"效应	①人的活动能聚集人群； ②"人看人"其乐无穷	①在商业建筑前广场留出少于150m^{2}的空间，以供促销、展示等活动举行，活动须提高可参与性（商业广场型）； ②在此类空间、人流聚集点、穿行主要流线周围适当布置停憩设施，以满足"人看人"的需要

城市商业空间景观设计要素包含：

1. 建筑要素

①建筑的风格：建筑风格的多样性在中国非常突出，在近几十年新兴的建筑中，可以说本土风格的建筑量是少之又少的。因此，在我国进行景观设计是最需要考虑建筑风格的，基本上为本土建筑风格，西方建筑风格和现代建筑风格。

②建筑的形式：主要指在建筑建筑各个面的以及空间的轮廓特征，建筑的这些形式特征将影响着景观各要素的形式特征以及组织方式。

③建筑的体量：不仅仅指建筑整个的体积，建筑单向上的大小同样影响着人的感觉，也制约着景观的设计。比如：长度、宽度、以及高度，曲线形建筑的弧度和不规则形建筑的角度等。

④建筑的色彩与质感：建筑的色彩与质感是人视觉和触觉最敏感的，在景观设计中的建材选用，在色彩和质感上要与建筑自身的材料相协调。

⑤建筑各部分的功能：每一栋建筑都由不同的功能部分组成，要进行合理设计，使景观能更好地为建筑不同的功能服务，为整个商业场所服务。

2. 地域要素

地域要素有两个：一个是气候的要素，一个是文化的要素。

①气候要素：气候要素是最具局限性的要素，它会影响结构的设计、某些要素比如水景的设计、考虑成本的话也影响材料的选用，但其影响最大的是植物，必须选择适合本地的植物，否则，这一点是很难以克服的。

②文化要素：如今地域文化已经成为一个城市、一个地域甚至是一个国家的标志之一。一个地域文化的长期积淀，承载着这个地区的记忆，它深深地影响着这个地区。例如在欧洲，能看到积淀了数千年的欧洲文化对现代城市建设产生的影响，并不亚于对现代艺术的影响，它的标志性参照物之一就是著名的香榭丽舍大街——“巴黎之魂”。因此，在设计中考虑文化要素，不仅是对过去文化的继承和发扬，更是对本身的一种宣传和档次的提升。

3. 铺装要素

铺装作为承载交通的最重要元素，商业场所作为消费者活动最频繁的空间，对铺装的设计就应该更认真细致的推敲，笔者认为应至少从以下几个方面考虑：

①方便、舒适和安全性，商业场所人活动量大，人与人之间接触频繁。其方便、舒适和安全性不仅要考虑使用中的人与人之间，也要考虑人和交通工具，提供方便残疾人或老年人使用的残疾人坡道等，也应尽量避免出现一级台阶，尽可能少使用或不使用光面的铺装，以避免行人摔倒。

②分区、方向感和方位感，商业景观中的不同分区，应尽可能用不同的铺装来进行区分，这样不仅使整个环境富于变化，也还起着指示和引导的作用。另外，以前人们往往只通过牌示来进行指示和被指示，现在，铺装的指示作用似乎更显人性化，因为在平面上的标示更准确和便于理解。另外，特殊的交通要求比如盲道，应尽享严谨周密的设计。

③文化感、历史感和特色感，铺装作为景观设计中的最不可缺少的元素之一，不仅因其重要的交通功能要求，景观中的铺装同样表达着设计师的理念，展示着景观的文化内涵。用铺装来表达景观设计的文化感、历史感和特色感可以从铺装的形式，图案纹理、颜色以及质感上来着手考虑。

4. 雕塑小品及指示牌标示物要素（图 8–1）

之所以把雕塑小品和指示牌标示物来一起讨论，是因为在现代的商业景观中，将二者进行统一设计已经越来越普遍。在一个商业场所中，雕塑小品及指示牌标示物的设计应该统一，但在不同的商业分区中又需要具有鲜明的主题，能够烘托商业气氛，这就需要设计师把握统一中的变化，变化中的统一，常见的有以下几种：

①材质统一，色彩变化

②色彩统一，材质变化

③形式统一，材料和颜色变化

④材料和颜色统一，形式变化

图 8–1 具有现代商业特征的雕塑

5. 休憩设施要素

到目前为止，商业区的茶、饮、餐厅等还提供着很大一部分的休憩服务，当消费者疲劳的时候，找不到可以休息的地方，会选择在这些场所中以休息为目的来进行消费，这就提醒了景观设计师应该对商业景观中休憩设施多一些考虑。设计师应多提供一些能使消费者多在室外公共场所中体验的机会，而且，大多数时候，消费者希望多些室外的体验。然而对休憩设施多些的考虑并不意味着要大量的布置桌椅板凳，可以有室外茶座的设计、休憩设施可以和商业景观统一起来考虑，比如：

①与种植池或树池结合的设计，可以对压顶进行加宽，并进行完成面的处理，或者使用其他材料，可以充当坐凳等休闲设施。

②与水景结合的设计，可以对水池压顶进行加宽，并进行完成面的处理，或者使用其他材料可以充当坐凳等休闲设施。

③与挡墙结合设计，对于高度适中的挡墙进行压顶处理，对于高度较高的可以在墙壁上安置坐凳。

④与雕塑小品结合设计，在国外的景观中，有将动物小品结合设计，做成坐凳的做法，值得借鉴。

⑤休闲草坪的设计，休闲草坪的设计在国外非常普遍，外国人也很钟爱躺在草坪上休憩。

6. 照明要素

现代都市生活的标志之一，是夜生活时间的延长，这使得人们有更多的时间来观察和体验城市商业化夜晚的风貌，美丽的照明景观是城市现代化的重要标志和城市繁荣的象征。因此，照明景观对于美化生活环境、熏陶人们的审美情操、提高人们的生活品质就显得更加重要。而商业场所不仅是人们体验也生活的最重要的场所之一，也深刻代表着一个城市的形象和发展水平，其景观照明理所当然应该进行精心的设计。商业景观的照明设计不但是服务于商业场所的必须需要，照明的艺术性设计，更丰富了商业场所的内涵，烘托了商业场所的气氛。进行商业景观的照明设计，应该遵循以下指导原则：

①功能性原则：必须满足最基本的照明要求。

②艺术性原则：在满足了照明要求的基础上，要具有一定的艺术美感，给人以感官享受。

③节能性原则：国际上都在呼吁节能，在照明设计中选用节能型灯具，有条件也可以考虑其他能源的利用，比如：太阳能。

7. 植物要素

植物无疑是景观设计中最最重要的部分，没有植物，景观就失去了生命。商业步行街的植物设计有以下功能。

①改善环境：植物具有降温、减噪以及净化空气的作用。

②美化街景：植物和建筑及环境的结合，可以更好的烘托商业氛围。

③丰富空间：植物可以使建筑柔化，使空间活泼。

④标示引导：植物可以划分空间、组织交通。

⑤经济功能：通过合理的、精心的绿化景观设计，可以营造出优美舒适的商业环境，吸引消费者，提高商业效益。由此可见，商业景观中的植物设计具有非常重要的作用，在设计的时候，要综合考虑项目自身的特点，结合设计理念来进行设计，商业景观应更重要地考虑一下几个方面：

a. 乡土树种：乡土树种可以保证良好的生长，很好地表达设计师的意图。

b. 可粗放管理树种：便于维护和保持景观的持久性。

c. 活动式绿化：可以移动的花钵、种植箱布局灵活，能够很好的烘托商业气氛。

8. 水要素

①安全性：商业作为公共开放的空间，其水景设计要充分考虑安全性，包括，材料的选用及锐角的处理、安全电压和防漏电处理、水的深度以及安全警示。

②亲近性和参与性：由于人亲水的天性，商业水景的设计应尽可能考虑使人能够亲近和参与。比如：汀步、戏水池、旱喷等。

③吸引和引导性：利用水的活动、声音以及倒影等特性，吸引人来游玩和引导人来体验。

城市商业空间景观节点设计简要介绍以下三个方面：

1. 街道入口的隔离设施设计

①隔离设施的作用：提高人们的安全意识，起到分隔人行、车行空间等作用；

②常用的隔离设施：石墩、石柱、分固定的和可移动的两种形式；

③车挡的尺度：车挡的高度一般为 70cm 左右，设置间隔为 60cm 左右；

④缆柱的材料：铸铁、不锈钢、混凝土、石材等。常用于步行区和机动车道路之间，有的可作为等待坐凳使用。

2. 街道公共设施设计要求

①座椅：一般以满足 1~3 人使用为宜。通常尺寸为：座面高 30~40cm，座面宽度 40~45cm，长度为单人椅 60cm 左右，双人椅 120cm 左右，3 人椅 180cm 左右；靠背座椅的靠背倾角为 100°~110°。

②公共厕所：商业街公共厕所的设置距离一般为 300~500m, 流动人口高密度的场所控制在 300m 之内。

③铺地：商业街公共设施的铺地需要在外观、色彩或质感方面有所变化，以反映功能的区别。路面砌块的大小、色彩、质感等，都应与铺地的尺寸有正确的关系。铺地的大小划分是街道尺寸控制的一大要点，现代气氛需要简洁、大方的划分，铺地可达到 0.6m× 0.6m，一般运用于步行街的小广场中。自然尺度的街道可采用 0.3m× 0.5m 的铺地。铺地的色彩和质感方面应注意于烦琐和混乱，应有节制并重点突出。一般认为铺地的色彩和质感的韵律变化以 8 步幅以内、4 步幅以上为宜，即 2.5~5m。因为地面的功能是为人行走的，过于鲜艳的色彩、明度太大或者色块之间对比强烈会使人产生视觉疲劳，在一些地形复杂的街道上，应保持路的统一效果。

④路标、指示牌设计

a. 路标设置的高度与人的平视高度不应该相差太多，指示牌的颜色要应用适当，既不能过分鲜艳让人感觉刺眼，也不能过于灰暗单调。另外，路标、指示牌上字体大小也要适中，不能太小，让人从一定距离外难以辨别；也不宜太大，失去协调性和美感。

b. 标识的外形高度，如落地式标识的高度最好掌握在 2.4m 以下，主要内容的编排则放置到 1.3~1.7m 之间。对于利用墙面固定标识的固定高度则不要超过 3m, 最低高度不要低于 0.5m，使人在较好的视觉范围内能够清晰地看到标识的内容。

c. 采用通用图标要注意以下几点：

图标与背景的关系必须清晰和稳定；尽量采用实体图标，因为实体图形比线条勾勒的图形视觉效果好；在图标不能完全保证被理解的情况下，可以和文字结合使用；同一标识系统中的图标要采用统一规范的图标，避免图标的不统一；在图标与文字同时标注时，图标的尺寸要略大于文字的尺寸。图标要与版面的设计采用协调的配色。

3. 交通组织的原则与方法（表 8–11）

表 8–11 交通组织的原则与方法

项目	内容
与城市交通的关系	在新建 、插建或改建一条步行街时，首先要考虑附近街道是否能承受附加的交通量，为了确定在特定街区或者几个街区设置步行街的可能性，必须进行实际交通量调查。如不能，则可采取以下几种办法：①将双向交通系统适当的修改成单向交通系统；②酌情设置旁道；③围绕整个商业中心建造环形道来有效地分担过量的交通；④加强交通管理，采用定时交通信号管理以提高交通效能
服务及紧急交通	当建造步行街、特别是全步行街时，首先要考虑服务车辆和紧急车辆进入的可能性。当步行区的主要街道不允许卡车通行时，则要考虑从巷道和后街进入的可能性。如不可能则采取其他办法，如规定专门的服务时间，对于紧急交通，则必须考虑停放警车、救火车一类紧急用车辆的地方。一般认为 4.5m 宽即可供紧急车辆通过
步行交通	步行交通不单要安全可靠，而且要方便、连续、紧凑、舒适和具有艺术性。这些问题的解决是互为影响和彼此促进的，避免车辆与行人碰撞的危害是首要问题。其解决办法基本上有两种：时间分隔和空间分隔。空间分隔通过禁止车辆驶入某区而实现，在较长的步行街，可采用天桥和地道分隔
停车场设计	一般将停车场放在步行街的外部，并尽量靠近步行区。当与步行区平行设置时需要设人行道。停车场采用较多的是围绕步行区、与步行区垂直、呈放射形布置
	重点区域停车场规划设计：根据《城市道路交通规划设计规范》的要求，机动车公共停车场的服务半径，在市中心地区不应大于 200m，一般地区不应大于 300m。自行车公共停车场服务半径宜为 50~100m，并不得大于 200m
	步行街区停车目的以购物、餐饮、旅游和上下班为主，通过场地置换和另外开辟专用停车场地解决好到达性车流的车辆停放问题，停放地点离目的地距离短，距离目的地 100m 范围内

续表

项目	内容
步行街区的内外交通	步行街内交通系统的设置：步行街内部交通系统为了避免人流在步行街上的拥挤，可架设天桥走廊，把主要的高楼大厦连接在一起，形成空中步行街
	步行街外交通系统的设置：商业街步行化后，其机动车辆交通即转移到附近的街道，保证顾客能从市区各地顺利畅通地到达步行街，并且最有效的方法即借助公共交通，形成四通八达的公共交通网络，其具体规划也要依据城市的实际情况。公交站点设置合理，位置醒目，购物消费者步行到站点的距离在 100m 之内。公交站点与停车场出入口应隔离，避免相互干扰
商业街道无障碍设计	不在街道上设置台阶，尽可能不在街道上设置台阶，以提高环境的可行性。其中 1/14 是舒适的坡道坡度值，1/20 则是轮椅通过的最佳坡度。坡道的坡度不应大于 1/12，以方便残疾人的轮椅通过。有脆弱群体专用的平滑地面、防滑道以及健康人群步行道
行走不便人士	消除台阶，老人依杖步行的防滑道，需要设置台阶的地段要限定级数、添设扶手。店铺与街道相交处应作为设计的重点考虑。消除台阶必须保证室内地平高于室外，可以通过一定的缓坡形成缓冲地带。
	保留台阶，首先避免使用一级台阶。一级台阶对于盲人、孕妇和老人来说容易忽视，造成危险。其次，台阶不应采用镂空式，沿口不应突出，少许突出的部分应做成圆角，以防勾绊行人。正常台阶的高度为 120~150mm，考虑到老人、孕妇等虚弱人群的需要，不要超过 120mm，最好处于 60~80mm。与连接的道路相比，台阶表面应采用高对比色，增强可识别性。最后，台面应采用粗糙度较高的材料，或设置防滑条。设台阶的地方最好同时设置坡道，便于轮椅通过
视力残疾者	步行街道中的一下情况给视力残疾者带来不便：街道界面上的突出物，例如棚架、路标、突出墙壁的灭火器、转弯处的墙壁等
	在步行街中应为盲人设置专门的盲道，因为盲人多数利用感觉行走，因此需要地面标记。地面标记应采用诱导式地面材料，指示视力残疾者沿线条方向移动，对途中暂时停止或者变换方向，应有所提示。作为诱导材料的标记应连续铺设，不得断开，指示向前走时，使用线状地面记号，铺成直线；转弯处铺成直角，转弯处和有高差处铺设点状标记

项目名称：澳大利亚悉尼皮特街购物中心
设计团队：美国 The Office of James Burnett 景观公司设计

皮特街购物中心大概是世界上商铺租金最贵的地方之一，这里夏季每天有 6 万人流。过去的老旧街道终于在时代前进步伐中引来了被改建。改建旨在悉尼的中心恢复城市设计，公共设施，提供超群绝伦的公共空间。设计主要着力于三个要素:铺装，街道家具，照明。

该项目夺得2013年新南威尔士城市设计奖，评委提到: 这是一个诗意的改建。每一个要素都简单、清晰、实用、内敛、优雅，坚固并且永恒，同时让人耳目一新。人在这里能感受到平静，虽然地处喧闹疯狂之地，结果却依然应对自如，恰到好处。街道家具是座椅与树木成组出现，均为该项目特别设计和定制。黑色花岗岩基座，喷砂青铜框架，和木材板面这些传统的材料组成了座椅群。树木引用了外来树种中国榆树，到了冬季，树叶落下，午后的阳光便可供路人尽情享用。

地面铺装为石材，将排水篦子设置在道路中央，金属排水篦子有着精致而漂亮的花纹，在表面的美观篦子下隐藏着铸铁篦子。以排水篦子为界，道路一分为二，深色的石材向两侧漫开，与外侧的浅色石材交错交融，还有一些色彩明显的石板点缀期间。这是一条拥有独特活力的街道。

图 1 街道在城市中的位置

图 2-5 雨水口细节处理

图 6 精心设计的雨水口

图 7–12 街道家具细节处理

图 13 雨水口的尺寸控制避免高跟鞋鞋跟陷入缝隙

图 14 简约开敞的街道提供更多通行空间

图 15-16 集中处理行人休息区

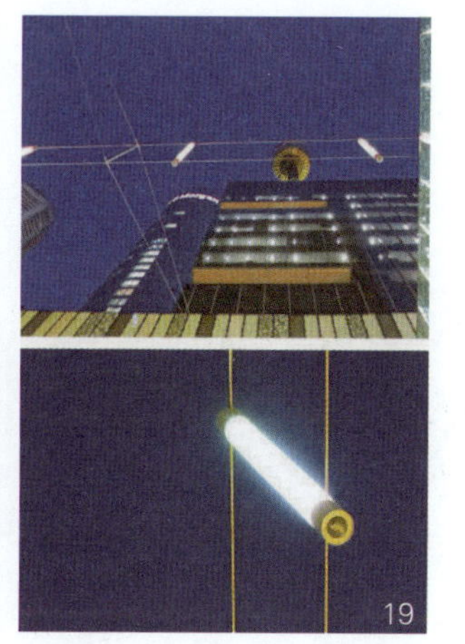

图 17-19 主要照明采用悬挂方式安装避免出现灯柱

项目名称：深圳华侨城欢乐海岸
设计团队：SWA

欢乐海岸是华侨城的一个开发项目，目前关键工程已经完工或接近完工，包括北区购物中心和国际会所、东区水城、文化博物馆、展示中心、水秀剧场和椰林沙滩公园。作为一处大型的海滨消费场所，欢乐海岸主购物中心的开业将在今年晚些时候宣告欢乐海岸正式开放。包括一个大型水疗中心和一个度假村风格住宅区在内的欢乐海岸最后组成部分目前也正在建设之中。

欢乐海岸展现了华侨城在打造文化、娱乐、商业、休闲、环保、生态和谐统一的创新型规划方面的愿景和努力。多年来，华侨城一直引领娱乐、休闲、社区开发、艺术、文化和创新等领域，这些经验使他们拥有足够的能力打造一个关注现代生活时尚的生态环保型都市设计典范。欢乐海岸将成为深圳市民一处主要的公共活动空间和中国开发项目的典范。欢乐海岸创下了中国的多个第一：欢乐海岸是中国首座国际化亲水购物中心、首个大型多媒体水秀剧场、首家高端商业文化创意展示中心、首座五星级旗舰影城，而且还包括国际级办公、酒店群。每年，还会有华侨城狂欢节、华侨城龙舟节、华侨城欢乐海岸（国际）音乐节等大型主题节庆活动在此轮番上演。

1

2

图 1-3 局部场地鸟瞰

图 4–6 水景兼具观赏性与参与性
图 7–8 临街林下空间的运用

图 9-11 景观照明与建筑夜景照明形式统一

图 12–13 独具特色的景观构筑物
图 14 极具引导性的铺装

项目名称：圆融时代广场
设计团队：SWA

项目位于苏州工业园区金鸡湖东岸，是集购物、餐饮、休闲、娱乐、商务、文化、旅游等诸多功能于一体的大规模、综合性、现代化、高品质的“商业综合体”及一站式消费的复合性商业地产项目。

圆融时代广场占地面积 21 万 m^2，建筑面积 51 万 m^2，项目建筑群分为五大功能区，包括商务办公区、圆融天幕街区、滨河餐饮区、生活休闲区以及苏州首座 17 万 m^2 的久光百货区，在规划上更注重人的体验，综合考虑了商业和旅游的价值体系。500m 巨型神奇天幕、6 大地铁出口、水上巴士、空中连廊、水雾广场、泊车系统、主题景观、时尚夜景从整体规划上看，圆融时代广场在运营中借鉴了国际一流的商业地产开发模式，无论是景观、交通，还是其他配套的设置，理念都比较超前。

图 1 专门开辟出儿童娱乐区

图 2 兼具标示性与艺术造型的 LOGO

图 3 种植简约现代

图 4 家具设计独具匠心

图 5 家具细节处理

图 6 具有现代都市气息的情景装置

图 7 台阶的处理

图 8 场地设计照顾残障人士

文体空间景观设计

1. 定义

文体类景观是指与文化类、体育类建筑相结合的景观设计，具有特定功能的，能够激发使用者潜质的一种城市空间形态。它存在于城市的大景观环境中，拥有特定的界限。

本书中就校园类景观分类做着重介绍。

2. 城市文体景观空间类型（表 9–1）

3. 国内外大学校园规划设计概述

国外校园规划从工业革命阶段已经开始，这个时期欧洲校园规划形态基本上属于城市内封闭庭院式的古典模式。18 世纪美国校园规划设计模式多样，但总的是呈开放性的特点，注重师生及校园与社会的交流。

19 世纪末叶校园规划多采用奥姆斯特德的思想，形成了后期美国自由式布局的风格与特色。

20 世纪大学校园规划形态趋于多样化，特别是“二战”后，世界各国大量新建和扩建大学校园，这时校园规划的形态、校园建筑的形象也呈现多层次、多元化、多风格的局面，并追求个性化风格。目前国外校园发展趋势为在校园设计时着重利用地形、地貌及优美的环境，考虑整体化原则，注重校园与城市的融合。

在 19 世纪末 20 世纪初民国时期我国高校校园的规划体系主要借鉴欧美的风格，中西结合，强调轴线对称和庭园、广场为中心的布局模式。

20 世纪 50 年代，在新中国成立初期，我国高等教育事业得到迅速发展，这个时期高校校园的规划设计主要是学习苏联模式，校园功能上受固定形式所限，造成一些使有功能和朝向等方面的不合理。

20 世纪 70 年代，我国改革开放以后，高校校园规划向自由与传统结合的方向发展，更多地体现了具有我国特色的规划风格。

表 9–1 城市文体景观空间类型

类型	功能分区
校园类	校园类文体景观一般具有以绿为中心，动静分离，疏密有致，内外有别而又相互渗透的功能分区。其功能分区可以分为①驻留性校园空间：包括广场、公共绿地、运动场、庭园等，是人们有目的活动的主要区域。②交通性校园空间：包括校园入口、步行道路等通行性空间。③非功能性校园空间：其中包括原始环境区、预留发展区、以及建筑实体之间的空地等人群较少涉及的校园空间，功能尚未确定或有多种选择
体育场馆类	功能分区一般具有人流集散区、景观过渡区、赛时停车区等，其构成分为通用景观和特殊景观两类。由竞赛场地景观、道旗、围挡、标识装置、景观构筑物、背景板、体育器材、楼体装饰景观、临建设施、主题雕塑、公共艺术装置、公共设施、交通工具、城市家具、互动投影、多媒体显示系统等构成
影剧院类	影剧院类景观一般以前广场为中心，配以展示区以便宣传，设有停车场，方便交通
博物馆类	博物馆类景观一般有前广场与后广场，方便人流集散，设有停车场，方便交通
展陈及艺术中心	展陈及艺术中心类景观一般有前广场区方便人流集散，设有宣传区及休息区，以及停车场，方便交通

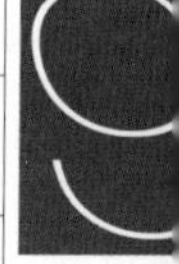

1. 校园景观规划设计原则

（1）地域性原则

规划设计中对植物配置要求尽量采用当地物种，保护现有植被，尊重场地，这种设计对以后校园的维护和管理有重要的意义。本土物种处于一定的生态平衡状态，适应当地的自然条件，有合理的生态位，可以大大方便管理，并减少维护费用。

（2）生态平衡与可持续发展原则

绿化规划是环境景观规划的一个重要部分，设计过程中要遵循生态学原理，尽可能丰富植物种类，做到乔、灌、草、花立体配置，力求创造季相变化丰富的植物景观. 遵循生态规律规划设计，才能使得校园能够良性循环，达到校园的可持续发展。

（3）公众参与性原则

校园规划设计要以人为本，考虑师生对于自然景观的生理需求和审美习惯，并注重师生与校园景观的交流，特别注重绿地 中心的环境艺术小品的设计，如雕塑、喷泉、景石、游路、广场、铺装等，满足人人、人景互动的需求。

（4）文化底蕴原则

大学校园规划设计，首先要遵循艺术构图法则，植物造型和色彩搭配符合艺术要求，构建的植物景观具有强烈的艺术感染力。创建多个具有深厚文化内涵的景点。其次，选择具有纪念意义的对学校发展具有重要影响的人物和成果，创建纪念性景区。增加校园的文化底蕴。

（5）统一协调性原则

规划设计吸收古今中外的造园手法，将各种复杂元素与理念结合，因此设计中要以统一协调性为原则，统一考虑，有机组合，并达到视觉上的均衡性。

2. 校园景观规划设计基本理论

（1）景观生态学原理

按景观生态学分析，大学校园是由“斑块－廊道－基质”组成的，因此在规划设计时也要按照景观生态学原理，把构成大学校园景观的整体的所有元素都作为研究的变量和目标，通过合理的设计，最终使景观系统结构和功能达到整体最优，创造出多层次、 全方位、多色彩生态型、园林式校园。

（2）园林美学原理

中国园林美学主要是探索在审美客体与主体之间所构成的审美关系里，向主体提供符合发展的审美需要的客观条件。校园景观规划设计要科学合理组织各种景观要素，因地制宜，形成错落有致主次分明的景观体系，满足学生的审美需要。同时还要综合考虑经济效益、社会效益、环境效益，创造出优美实用具有鲜明特色的大学校园环境。

（3）环境行为心理学原理

从心理学角度，人对环境空间有一定的心理需要。大学校园为师生的活动场所，要充分考虑他们的生理、心理需要，即需要一定的个人空间和地域空间。运用环境行为学和心理学原理，研究师生行为产生与环境的关系及心理特征，从而创造出与之相符的校园环境。

1. 基本功能分区

由于文体建筑功能的特殊性，其景观设计业应当具有与文体建筑相适应的景观规划，来进一步优化建筑功能，为人们提供服务性、参与性、多样性、灵活性的景观设计。

通常大学校园分为以下几个基本功能区：

①行政办公区

②教学区

③学生宿舍区

④学术交流中心

⑤体育中心

⑥生态园林区

因此在进行详细的设计过程中，根据不同功能区的功能分别设计。如行政办公区突出安静氛围，而学术交流中心则注重交流的动感设计。

2. 场地分析

文体建筑功能复杂，人流量大且相对集中，交通疏散要求很高。如何利用景观设计优化文体建筑的功能需求，如何在不规则且局促的用地范围内塑造出顺畅合理的交通流线和功能空间，是首先需要解决的问题。因此，文体类景观必须与该场地的功能、性质、类型同时规划，使之更好地与文体活动配合，满足人们的多种需要。从大的方面说还要与当地的气候、文脉相统一。

①位置、范围的确定，明确规划区的位置和研究尺度，了解当地自然地理条件，包括地形地貌、气候水文、土壤植被等要素。

②对校园进行景观构成分析，按照景观结构的基本组成要素：基质、斑块、廊道以及要素的空间配置形式，可通过Fragstats软件辅助计算景观指数：景观破碎度，景观分离度，景观优势度和景观均匀度。通过对景观格局的分析有助于增加对规划区景观的理解程度，通过组合或引入新的景观要素来调整或构建新的景观结构，以增加景观异质性和稳定性。

3. 总体布局要点

（1）校园总体空间形式

根据校区现状，进行校园的总体设计，通常有以下几种空间形式的校园：核心型校园、流线型校园、网格型校园。

②主干道、主景区选择

在学校宏观规划过程中要尤其注意主干道和主景区的选择与设计，首先要尊重场地。保留一些树林、水体等作为生态园林区。如中山大学的参天大树即是保留原来村庄中既有的树林。这种设计既节省了费用，还有事半功倍的作用；其次是要保留文化遗产，一地的文化遗产都是宝贵的财富，所以在校园设计中尤其注意保护。

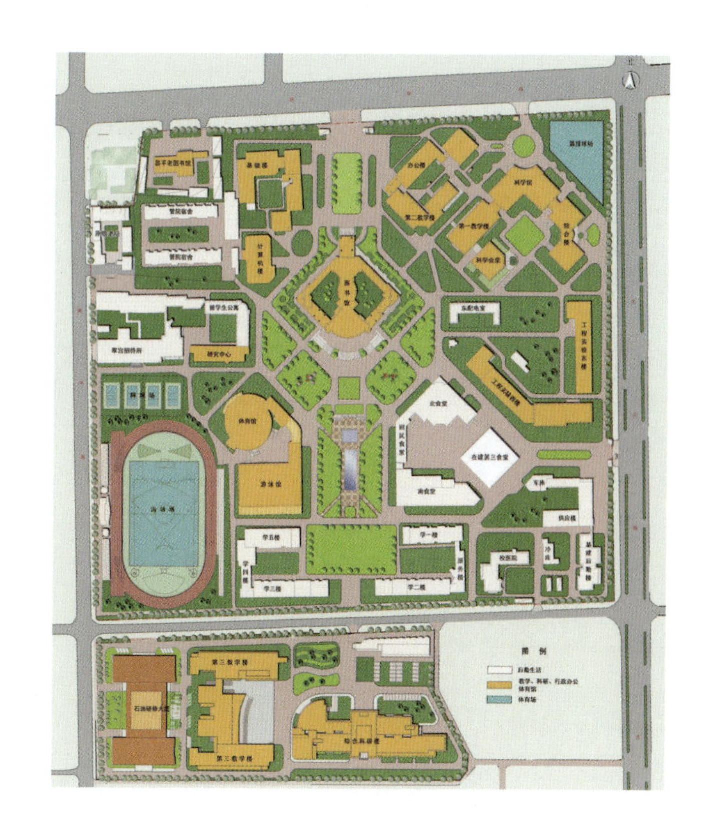

图 9-1 北京某大学校园规划平面图

图 9-2 厦门大学校园景观（a，b，c）

从空间构成角度来看，节点是组织物质空间形态的重要构成元素之一，节点能够形成空间重点，强化空间秩序。对于文体建筑而言，其节点的设计应该满足文体类建筑景观的需求。文体建筑的广场应该配有休憩区域和完整的导视系统。对于入口节点而言应该根据文体建筑的不同职能属性做出相应的强化或呼应——增加场馆气氛。文体建筑的硬质铺装应与周边城市肌理相统一并且烘托场馆氛围，营造出识别性较高的铺装风格。由于文体类建筑的对于交通流线的要求较高，应根据场地需要设置交通岛、停车设施以便能在短时间内疏导车辆，使节点功能完善而又富于变化。

从微观景观设计上应注意以下几点：

（1）绿地景观设计

校园景观中校园的绿色空间具有极其重要的作用。设计中要尤为注意以下几方面：一是植被的选种。植被的选种首先要了解植被的属性，从三方面考虑：即美观性、对野生物种的保护及环境控制。选取优良植被，使其既能满足景观需要，也起到良好的生态功能。特别是在校园的植被选取中，选用合适植被可作为学生生物实习调查的良好基地；合理的植被还可以改善土壤结构，提高土壤肥力，调节环境。因此要尽量选用乡土物种，乡土物种具有诸多优点，其成本低，包括后期管理，如化肥、农药的使用方面都可节省费用，即减少景观维护费用。乡土物种的使用还可抵抗外来入侵物种。二是校园景观规划设计要注重整体连续性，这包括建筑物的高度、材料、颜色、样式，以及建筑的规模，并且要考虑建筑物的开窗效果和屋顶绿化效果。建立乔灌草立体结构，特别是在一些大的空旷空间，比如停车场，要在其缓冲区地带种植树木或灌木，使其与周围的景观成一体。

（2）水体生态设计

水体景观是校园中不可缺少的一部分，比如喷泉或湖区。对于校园湖区的设计中要注意湖区的水体富营养化问题。因为湖中水体为静止的。因此，在注重美观的同时，也要注意水土保持。具体措施可以考虑用湖中水灌溉，或是建立喷泉，将湖区水体变为“活水”。围湖区建立缓冲区，种植树和草，增加美感的同时也增加景观多样性，也为更多物种提供生境，还可有效过滤污染，可有效减轻湖区的水体富营养化问题。

（3）道路设计

校园的道路通常分不同层次的道路系统，因此设计中的景观也会不同。如步行的小道，要有曲径通幽的效果。但是所有的道路景观廊道，都既要考虑可达性，又要考虑景观的破碎度。注意保护校园生态系统。另外，校园的道路景观应强调用植物材料，这样可以给人一定安全感，增加舒适度。

项目名称：莱思大学 Brochstein 中心及周边景观
设计团队：美国 The Office of James Burnett 景观公司设计

作为赖斯大学校园里地标类地点，该项目展示了景观设计促进社会交流以及改善人类生存条件的能力。Brochstein 亭被营造出一个强大的空间体系，将以前那个无序的、未充分利用的四方区域转化成了学校里学生活动的中心。

建立于 1912 年的莱斯大学，以其新拜占庭式建筑、茂盛的南方植物和古典的校园而出名。考虑到校园未来的发展，2005 年学校董事会通过了“第二个世纪远景”规划提议，此提议明确了校园文化塑造的重要性，并且提供相应的空间和设施来激发校园活力，提升集体荣誉感。这个规划认为“有必要在校园里提供一些体现活力和动感以及增强校园归属感的空间和设施”。资金由休斯顿慈善家提供，大学聘请设计团队来实现这一目标。

设计团队挑战大学中心四方院的限制。实际上大学四方院落东西轴向的布局早在 1940 年就被福德轮图书馆打破了。放弃一般建设的典型准则，设计师们力图创造一个地标性建筑，为大学提供一个灵活，非程式化的空间，并成为校园的优良社交中心。

图 1 平面图

6000 平方英尺的玻璃、钢材和铝材构成了精致却朴实的 Brochstein 亭，与相邻的建筑物痛处一个环境，Brochstein 亭显得非常谦逊。为了配合其结构形式，景观设计师在建筑周围创造了一个 10000 平方英尺的广场，以结构简单的几何图案覆盖混凝土表面。利用线性的马尾芦苇界定用餐空间和人行道。

由于四方形形状的限制，西面只限于加强了现有的空间架构，但新创建的 Brochstein 亭和图书馆之间需要一个更复杂的关联，为了遥相呼应，设计师在风化花岗岩土质上栽植了 48 棵榆树灌木，形成一种空间框架，使得整个空间范围变得人性化。一条混凝土小路将小树林一分为二，道路两侧种满非洲鸢尾花。布满沙滩石的长方体黑色喷泉占据了每个空间的中心。潺潺流水反射着穿透过树荫的斑斑阳光。可移动的座椅以及这微妙的光影让人们能够享受这个有着浓浓树荫和流水的绿洲。

景观设计师的设计并不影响建筑光照。新的混凝土路和槲树加强了院落现存的空间结构。低洼地带的地面也被抬升起来，虽然建筑的基座被明显抬高，但是景观建筑师们制造了一条缓坡路，你根本察觉不出来地形的变化，建筑完美地融入环境之中。

图 2 景观设计为建筑留出开阔的空间

图 3 水景极具参与性

图 5 通长的缓坡处理地形变化

图 4 采光和通风都极佳的空间

图 6 探出的屋顶搭建出半室外的过渡空间

项目名称：MPES 小学校园景观设计
设计团队：Siteworks

研究证明，学校学生的表现与健康清新的空气，自然采光以及室内外的联系有关。MPES 小学致力实现这些优点，承担起对学生、教师、家长的社会管家责任。这个典范式可持续性的学校当之无愧地获得了 LEED 金奖。就像 Maurice Sendak 的《野兽家园》那样，MPES 小学激发出人类社会和周边林地、流域间关于生活的想象、探索还有惊奇。

小小的马纳萨斯公园位于弗吉尼亚州华盛顿郊区一个富裕的社区，这里在最初建立时运用了大量的预制系统建筑。10 年前，该区域决心用不多的财政收入来改善城市的所有公立学校。

学校靠着成片住宅区，林地还有历史上军队营地。MPES 小学主要为移民家庭的孩子提供教育，收费低廉还提供免费午餐，在丰富多样的背景之下学校成功的适应这一现状。建设之前，可选的场地有两块，最后选中的这块有便利的基础设施和交通条件。位于居民区的学校能够实现“步行站点”和 “自行车站点”的社区儿童系统。内部空间中的共用设施里最突出的是改建的营地，能被交替用于教育、运动、娱乐和旅游。开放的设计让学校和营地过去封闭的形象一去不返。

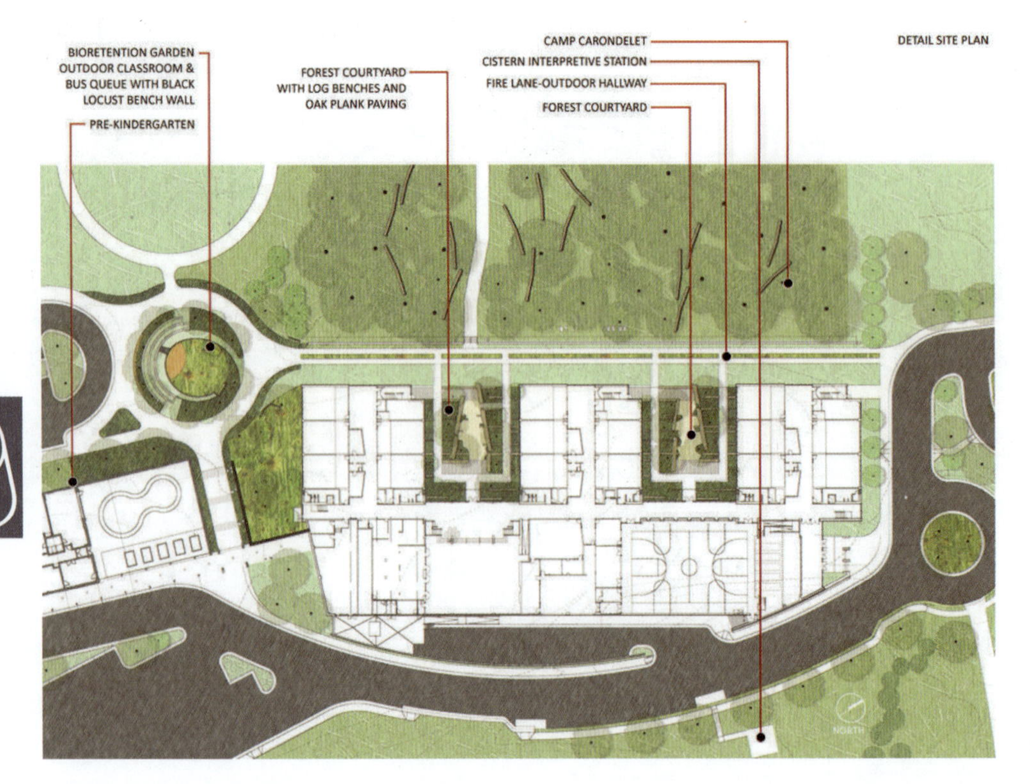

图 1 总平面图

图 2 下沉空间与雨洪道处理
图 3-4 清晰亲和的园路设计
图 5-6 与场地形式一致的家具造型
图 7-10 兼具教学与观赏的绿化设计

项目名称：安克雷奇博物馆
设计团队：Charles Anderson | Atelier Ps

安克雷奇博物馆的两英亩绿地景观因其历史文化性而获得当地居民一致好评。一片桦树林创造出城市最为难忘的地标性文娱场所。安克雷奇是位于美国北部最重要的城市，临近库克湾。这里有着非凡的自然环境，景观的灵感起源于一个想法：将附近森林中的树木变到博物馆前。

桦树采用的品种是美国最为乡土和代表的纸桦树。树木成网格状种植，形成戏剧般的效果，就像博物馆的半透明的皮肤，同时也面对城市形成醒目的存在。树木适应城市环境，并形成独有的生态小气候。

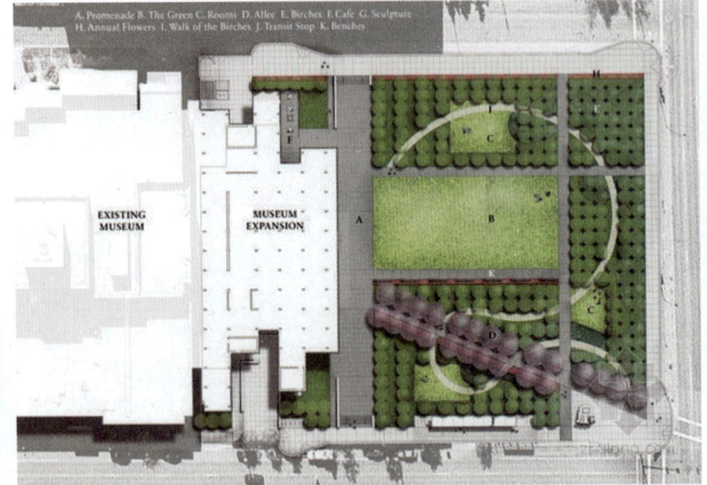

图 1 总平面图

图 2 建成后的航拍平面图

图 3-5 开敞的草坪空间与丰富的林下空间
图 6 极具现代艺术气息的景观装置
图 7 林下空间运用花卉处理
图 8 临街的标志物

各类场地

1. 儿童活动场的分类

城市居住区儿童游戏场分为 3 类：第一级为学龄前儿童游戏场，供 2~5 岁儿童使用，服务半径不超过 100m，场地规模 100~200m^2；第二级为学龄儿童游戏场，主要服务对象为 6~12 岁的学龄儿童，服务半径不宜超过 300m，用地规模 500~1000m^2；第三级为 12 岁以上的青少年活动场地，可与公共活动场地、体育运动场地结合布置，一般安排在绿地中。

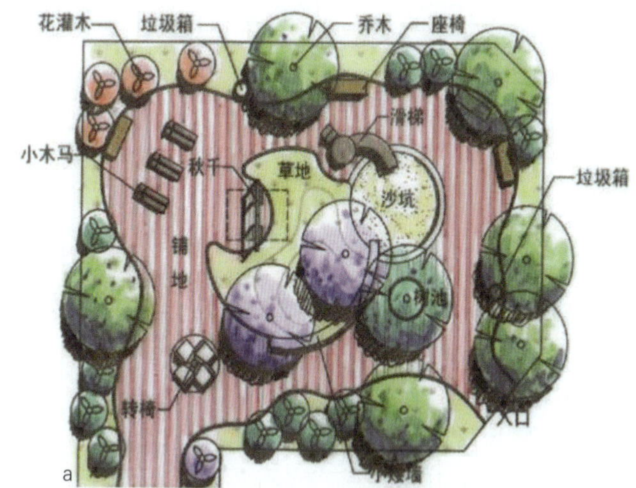

2. 儿童活动场的设计要点

① 选址：儿童游戏场的用地应尽量选择通风好、日照佳、排水畅、无安全隐患的地方，并应远离机动车道，在居住建筑与游戏场地之间应有人行路连接，人行路尽量避免与机动车道交叉。

② 布局：对于学龄前儿童游戏场地平面形状设计，较优的方案为开阔的矩形、圆形、三角形、多边形或不规则形，开阔场地易于创造一览无余的游戏空间，使得宝宝的一切活动都在看护人视线范围内，增加了游戏的安全性。场地内宜布置一块有乔木遮阴的草坪，设小沙坑，简单游戏设施，并安放座椅供看护人使用。学龄儿童游戏场地则应强调空间的趣味性，既要有较开阔的共享空间，也应有曲折的狭长地带、神秘的探索之所，迎合这一阶段儿童求知、好动的特点。游戏场内应提供儿童骑车、滑板、轮滑等的场所，还应布置供儿童跳房子、踢毽子、跳绳等活动的开阔广场，以及安排游戏设施和简单体育器械的地方。

图 10-1 儿童游戏场的设计布局（a，b）

③ 游戏设施和器械：学龄前儿童游戏场的设施宜选用复杂程度较低、尺度较小的种类，如简单滑梯、跷跷板、秋千、小木马、转椅、摇椅等。每个游戏场内的设施种类不宜多于 4 种，秋千、小木马可以每种设置 2~3 个。学龄儿童游戏场的设施和体育器械可以选择滑梯、爬梯、秋千、单杠、平衡木、乒乓球台等，每个场地内种类不宜多于 5 种。游戏设施、器械之间应保持必要的安全距离，设施下面的防护材料可选择专业的塑胶地面，也可以是沙坑、木地板或草坪。

游戏设施和器械可以选择专业厂家提供的成品，也可根据环境专门设计。这些设施和器械的材质有塑料、钢、尼龙、玻璃钢、木材等，其中钢质的器械冬天凉、夏天烫，不宜选用。

图 10-2 游戏设施和器械

④ 材料与色彩：儿童生性喜欢自然，水、沙、植物、木头、石头——这些自然材料，会增添游戏场地的亲切感，令孩子流连忘返。

水在游戏场中可以有多种形式，如水池、小溪、喷泉等。为学龄前儿童提供的水景，水深以 100~200mm 为宜；学龄儿童的戏水池水深可适当加大些。无论哪种形式的水景，水深均不能大于 400mm，池底与地面间高差不应大于 500mm。

沙子有极强的可塑性，是儿童喜爱的天然玩具，在游戏场内设置沙坑非常受孩子们欢迎。沙坑内的沙子应选择清洁的细沙，沙坑外围的维护材料应选用平整光洁的材料，不宜选用自然石、原木桩等自然粗犷的材料，以免儿童在游戏时被磕伤或划伤。在使用木桩、石头点缀在游戏场内时，应尽量选择表面比较平滑，无毛刺、无棱角的材料。

木材既有温暖感，又比其他硬质地面柔软，儿童在摔倒时能起到一定的缓冲作用，降低受伤的风险。另外彩色弹性路面也是不错的选择，它可以使步行感觉柔软舒适，并具有透水防滑、减震、缓冲击力的作用，增加安全感。

儿童喜欢鲜艳的色彩，但不是说把游戏场设计成五颜六色就是好的，在游戏场的整体色调把握上，只要颜色鲜明就可以，不要过于花哨，这样容易引起视觉疲劳。此外游戏场的色彩要与周围环境协调，将游戏场的色彩融于周边环境的色彩之中。

图 10-3 儿童活动广场的材料设计

图 10-4 儿童活动广场的色彩设计

3. 种植设计

植物材料应避免选择那些有毒、有刺、有异味、有刺激性或易发生病虫害的品种，以保证儿童的安全和健康。学龄前儿童游戏场植物以遮荫乔木为主，在北方地区元宝枫、白蜡、青桐、栾树等乔木比较适宜。场地内部不宜种植花灌木，以避免视线的遮挡。场地外围可适当点缀花灌木，如：紫薇、连翘、丁香、迎春、榆叶梅等。

学龄儿童游戏场内除遮荫树外，则应布置花灌木、开花的地被等，花灌木不仅起到围合空间、渲染气氛的景观作用，还是儿童认识自然、学习科普知识的素材。有条件时可在场地内布置花圃，让儿童亲自动手栽植花卉，让他们充分的贴近和体验自然。花圃内可栽植四季秋海棠、萱草、茉莉花、鸢尾、菊类等地被植物。让孩子们通过栽种和养护，观察植物破土、发芽、生长、开花、枯萎、死亡，亲身感受季节交替、植物的生命轮回。用黄杨、女贞、桧柏等绿篱植物修剪成的迷宫，也是一种受学龄儿童喜爱的游戏场种植形式。

图 10-5 儿童活动广场的种植设计

图 10-6 儿童活动广场的安全设计（a，b）

图 10-7 儿童活动广场的铺装色彩（a，b）

图 10-8 儿童活动广场的铺装材料（a，b）

4. 安全设计

学龄前儿童游戏场地如与周边道路或场地有高差时，必须设有坡道，为保证婴儿车推行的安全，坡道宽度不宜小于1m，坡度不宜大于1:10。如游戏场地为下沉设计，应确保下沉场地内的排水畅通。所有出现在游戏场地内的构筑物和设施，如游戏墙、挡土墙、座椅、废物箱等的转角处应处理成圆角或外贴橡胶护角带，以保证安全。为看护人设置的座椅要安放在无视线死角处，确保宝宝的一切活动都在看护人的视线范围内。

5. 铺装设计

儿童游戏广场的色彩设计中一般不采用纯度过低色，这样会给儿童造成心理上的压抑感。应该多采用纯度较高、明度较高的颜色，如浅黄、浅红、浅蓝、浅绿等，使空间充满清新、明快而活泼的视觉效果。可同时使用几种鲜明亮丽的色彩，形成明显的对比效果，构成一个充满丰富想象的空间。

儿童游戏广场面积较小，为确保安全性，除游戏设施外不宜设置过多的绿化和小品。整个广场的铺装应采用小尺度设计，平面构成活泼、富于变化，可多考虑运用点、曲线、曲面设计构图，符合儿童的心理特点。可以运用符号、文字、图案等手段进行细部设计，如利用小砌块拼成文字、图案，或辅以带有动物、植物、卡通人物的彩绘地砖，或运用表面涂敷技术在地面上直接做成各种图案，这都可以有效增强空间的趣味性与可读性，有利于儿童的智力开发与身心健康。

此外，应该充分考虑安全性能，选择硬度小、弹性好、抗滑性好的材料，如橡胶砌块、人工草坪、沙子、木屑等，以避免儿童玩耍时跌倒受伤。

图 10–9 老人体育锻炼活动广场

图 10–10 静坐活动空间

图 10–11 老人体育锻炼活动广场

从生理上说，老年人各部分身体机能衰退，行动不便，平衡感较差。
从心理上说，老人退休后生活节奏突然减慢，随之而来消息闭塞，社交减少，易使老人出现失落感与孤独感；而部分老人体弱多病或者对疾病与死亡怀有恐惧心理，会导致消沉没落与焦虑恐慌的心态。

1. 老年人的常见户外活动类型

老年人的户外活动主要分为三类：一为体育锻炼类，例如使用健身器械、跳舞、做健身操、打太极拳、舞剑、散步等；二是静坐类，例如聊天、看报、小坐休憩等；三为兴趣小组活动，例如打牌、下棋、唱歌、唱戏等。

2. 场所内应设置的功能空间及特点

（1）体育锻炼类活动场地

跳舞、打拳等运动需要小型广场，一般面积以不小于 200m^2 为宜，约可容纳 30 人进行锻炼。广场上可设置室外电源接口便于连接设备播放音乐、口令等，并在合适位置设计带挂钩金属架，供老人悬挂衣物，随身物品袋等。如果住宅区规模较大，可以考虑适当加大广场面积，或按需要另设其他场地（图 10–9）。

健身器械可布置在跳舞广场周边，也可另行设计广场放置，有适当遮荫较为理想（图 10–11）。

卵石健康步道用于老人散步时按摩脚底，应与交通道路分开设计（图 10–12）。

（2）静坐类活动场地

安置桌椅、书报栏等，还可结合亭、廊、花架等构筑物，需考虑位置僻静与遮阴，有较好观景视野更佳（图 10–10）。

（3）兴趣小组活动场地

为棋牌活动设置小块场地以及可相对而坐的桌椅，需考虑遮阴。唱歌、唱戏可与跳舞、打拳等活动共用场地或利用其他小空间。

图 10–12 卵石健康步道

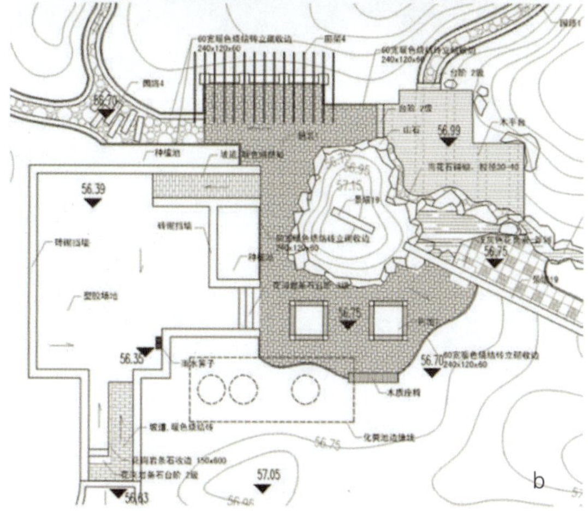

图 10–13 老年人户外活动空间的设计布局（a，b，c）

4. 老年人户外活动空间的设计应遵循以下原则

（1）功能性原则

场地的设置要考虑老年人的各种需求，应当根据不同功能的需要，合理布局老年人集体活动、安静休息、闲聊娱乐等不同场所，做到大小分区、动静分区和公共私密分区（图 10–13）。

（2）交往性原则

约见老友或者聊天交流是老年人外出活动的重要内容，因此场地设施的设置，如桌椅的大小、方位和布置形式，花木的种植，亭廊建筑物的设计等，应当尽可能地满足老年人交往的需求。

（3）安全性原则

老年人活动场地必须做到无障碍设计，尽量采用斜坡，不用台阶，采用靠背式座椅，亭廊要有扶手，采用软质地面并且把地面防滑性放在首位考虑。由于安全性原则是老年人活动空间设计最重要的原则，在下一节进行详细说明。

（4）易达性原则

老年人外出活动范围小、时间短，因此场地的设置要尽量一便捷为首选，以 10 分钟左右的路程为宜。

（5）可识别性原则

由于实力和记忆力的衰退，老年人在无明显特征的环境中很难辨别方位。因此，设计不同特征、不同风格、不同层次和等级的空间环境以及对各种要素的特殊处理，可以方便老年人更顺利地到达各类户外空间。

（6）动静分区原则

有的老人喜爱热闹，举办唱歌、跳舞等活动，构成了喧闹交往区，属于动区；而有的老人则喜爱安静独处，或促膝谈心，或沉思赏景，这就构成了安静休憩区，属于静区。老人活动场地应动静分区且保持适当距离以免干扰。静区不应设置在人群聚集处，不要有主要通道穿过，最好有一定遮掩或阻隔，避免成为外界的视点。若在满足前面条件的基础上，能面对观赏性强的视景则为最佳。

（7）色彩平稳原则

有关研究证实，暖色系、亮色系及暖灰色系等色彩环境对老年人缓解心理压力、身体及心理的治疗恢复有明显帮助。在老人活动场所应避免使用对人形成强烈视觉冲击力的色彩。

5. 无障碍设计

老年人年老体弱，行动不便，活动场地内各处景观应符合无障碍设计的相关规范，将老人在其中发生意外的可能性降到最低，真正能享受到户外活动的乐趣。

（1）步行空间无障碍设计

散步或慢跑为老人使用步道的主要方式。一般来说，步道宽度不宜小于 2m，以保证轮椅使用者与步行人可以错身通过，并在重要弯道处设置明显的引导标志。步道应完整平滑，铺装材料应坚实、平整、防滑，并保持一定的粗糙度，卵石、砂子、碎石以及凹凸不平的地面在大多数情况下并不适合老人活动场地。地面还应有良好的排水系统，以免雨天积水打滑。

避免笔直漫长的路线，尽量蜿蜒而富于变化，但也不可太过曲折。根据研究，老人舒适的步行距离为 150m，所以在此范围内应设休息座椅。当步行距离较长时，步道边可设扶手供老人休息。

路面不要有过急的高差变化，若需设置台阶，应与无障碍坡道并存。坡道最大坡度为 1~12，两侧应设扶手。坡道长度不可超过 10m，如超过 10m，需增设休息平台。另外，坡道与台阶的起点、终点及转弯处均应设休息平台。

可设置卵石健康步道供老人按摩足底，步道最小宽度不宜小于 1.2m，可容二人同时通过。卵石步道不应设置在场地必经环路上（图 10–14）。

图 10–14 步行空间无障碍设计（a，b）

（2）坐息空间无障碍设计

老人出自心理需求，一般选择背后有背景的小空间坐息交谈，背景可以是建筑、植物或水面等。这样的空间是半封闭的，使人有安全感和领域感。安静休憩区的座椅可设置在弧形，L 型或者凹凸型的小空间里，可平行设置，便于老人静坐或交谈；而喧闹交往区的座椅宜相对设置，供老人进行打牌、下棋等活动。所有的座椅都应选用木材，冬暖夏凉，并设置扶手，亭、廊中的座椅还应设置靠背以保证安全。座椅的座凳面高度应该在 0.4m~0.45m，不能过高或过低。除此之外，花台与水池边沿，甚或是矮墙、条石等景观小品也可能被作为“第二座椅”加以利用，故此设计上要注意合乎人体尺度，便于老人使用（图 10–15）。

图 10–15 坐息空间无障碍设计

（3）活动场地出入口无障碍设计

出入口宽度应大于 1.2m，有高差时，坡度应控制在 1:10 以下。坡道两边宜加棱，并采用防滑材料。出入口周围要有 1.5m x 1.5m 以上的空间以便轮椅使用者停留，与周边道路之间也要设置过渡空间。

④ 夜间照明无障碍设计

老人活动场地的夜间照明应充足，方便老人夜间行走及进行各项活动。灯光照明应高低结合，坡道侧壁、水池侧壁及一些容易出现意外的地方均应根据需要加设照明灯，并避免眩光。

1. 宠物场地的分类

根据宠物活动场地面积的大小，大致可分为两种布局：一种是面积在 300m² 以下的紧凑型布局，有围栏、草地，设置一至两个宠物厕所沙地；另一种是面积大于 300m² 的综合型布局，不但包括草地、多个宠物厕所，还添加了宠物玩具、训练器械、嬉水池等场所。

2. 设计要点

宠物活动场地全区必须封闭，所有人员只能从单一口进出，以防止宠物意外扰民。围栏高度应大于 1.4m，以确保宠物不能随意翻越。围栏材质宜选用金属隔栅。围栏的接口要完整，防止有钩刺伤害到宠物（图 10–16）。

准备区是人和宠物走入宠物活动场地的“前厅”，准备区要有围栏隔离，且必须两端设门，门的开启方向一致朝向准备区内部，以防止宠物意外逃窜。宠物主人在准备区完成给宠物的解绳和系绳（图 10–17，10–18）。

宠物活动场地面积大于 300m² 的综合型布局，应设有准备区且两端设门，在准备区完成宠物的解绳和系绳，空间布置不但要包含较大面积的草坪、多个宠物厕所，还添加了宠物玩具、训练器械、嬉水池等场所。

图 10–16 宠物场地的安全护栏

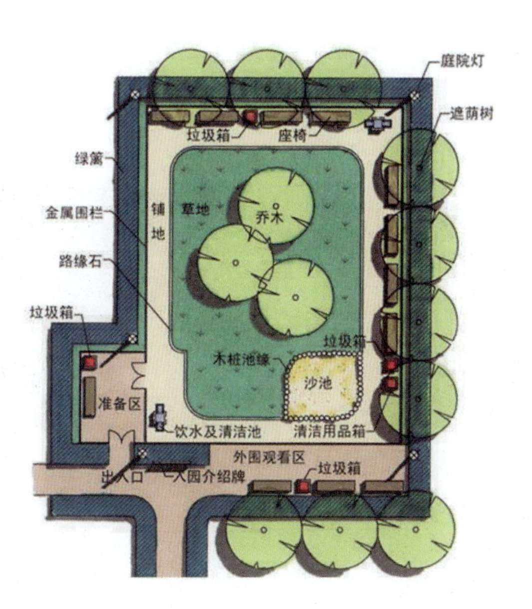

图 10–17 宠物场地的设计布局 1

图 10–18 宠物场地的设计布局 2

3. 铺砌和种植

（1）铺砌

小动物们都有向往自然的天性，还有在自然界里大小便的习性。在给它们提供活动场所时，铺砌材料应该尽量选择自然材料，如天然石材、木材等，保留材料的天然特质和自然感觉。

沙池是为宠物准备的厕所，一般布置在草地的边缘，便于宠物主人清理排泄物。沙池内沙深度应≧400mm，底部设排水装置。沙池边缘的处理也最好采用自然式，用木桩围合或自然形态的石块，与周边环境协调一致（图 10-20 ~图 10-22）。

（2）种植

草地是活动场地中最重要的内容，给宠物们提供了跑跳、嬉戏的场所。草地的草种宜选用耐践踏的品种，避免选择有毒或有刺的种类。场地内不宜种植其他的地被植物或花灌木，以留出充足的活动空间。乔木一般布置在草地的中心，根据场地的面积，可布置 1~5 株不等，利于宠物环绕奔跑。在铺砌场地上栽植乔木，乔木底部应设种植池，种植池内填沙或细小的卵石。在北方，乔木可选择悬铃木、国槐、元宝枫等树种。场地的外围应布置能削弱噪声的常绿植物，如多排的桧柏或高低错落的乔木与灌木的组合配植（图 10-19）。供宠物主人们休息的座椅附近需要种植遮荫树，树种的选择也应以冠型丰满的落叶乔木为宜。

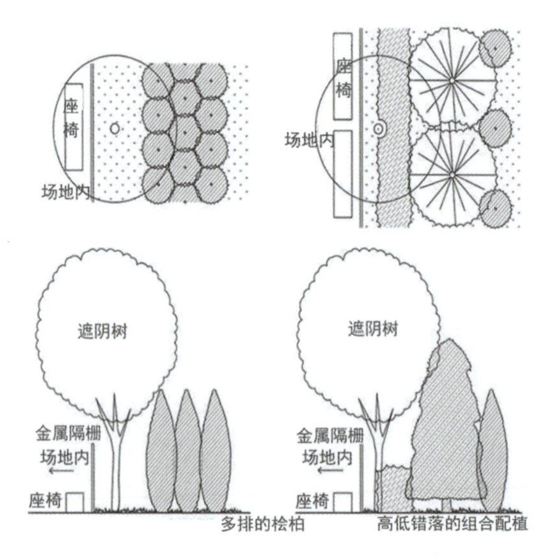

图 10-19 种植设计

图 10-20 宠物活动场间种植池

图 10-21 花岗岩铺地活动场

图 10-22 沙池

4. 用水设计

在宠物活动场地内，可以考虑将宠物饮水与清洁用水合为一体布置，在距地面150~200mm高度处设宠物饮水盆，700~800mm高度处设主人洗手池。饮用及洗手的水必须是符合饮用标准的生活用水。紧凑型宠物活动场地可设这样的取水点1~2个，综合型宠物活动场地应设3个或3个以上（图10-23）。

综合型宠物活动场地可设专门的宠物嬉水池，供宠物嬉水、洗澡。嬉水池内的水深应小于20mm。嬉水池内的水也须采用生活用水，池内设循环系统，还可布置简单的跌水或喷泉景观，增添宠物嬉水的乐趣（图10-24）。

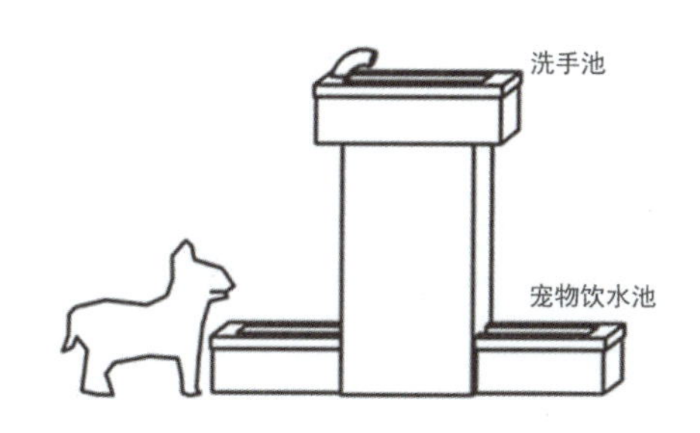

图10-23 宠物饮水池

图10-24 宠物嬉水池

5. 游乐设施

宠物游乐设施的设置比较灵活，既可以根据需要设计，也可以选择市场上的成品。一般宠物游乐设施包括宠物休息所、宠物游乐器械、宠物训练器械等。宠物休息所常布置在供主人休息的座椅附近，材质以木材或玻璃钢为宜，外形应简洁，并与周边环境协调。休息所内部可以铺塑胶垫，并应做好防雨处理，避免积水。在有限的场地面积内，宠物游乐器械和宠物训练器械不宜布置过多，这样可以减少宠物游乐过程中的互相干扰。游乐和训练器械材质有木材、钢材、橡胶等。常见的游乐和训练项目有：球类——宠物之间的互动游戏；钻环、圆桶——让宠物体验穿越的乐趣；平衡木、跷跷板——训练宠物的平衡能力；攀爬板——训练宠物的攀爬能力；跳圈、跳越栏杆——训练宠物的跳跃能力等（图10-25～图10-27）。

图10-25 宠物休息所（a，b）

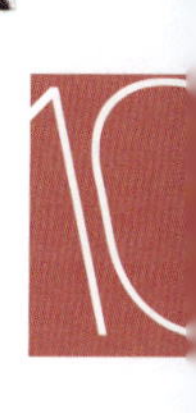

图10-26 宠物游乐项目

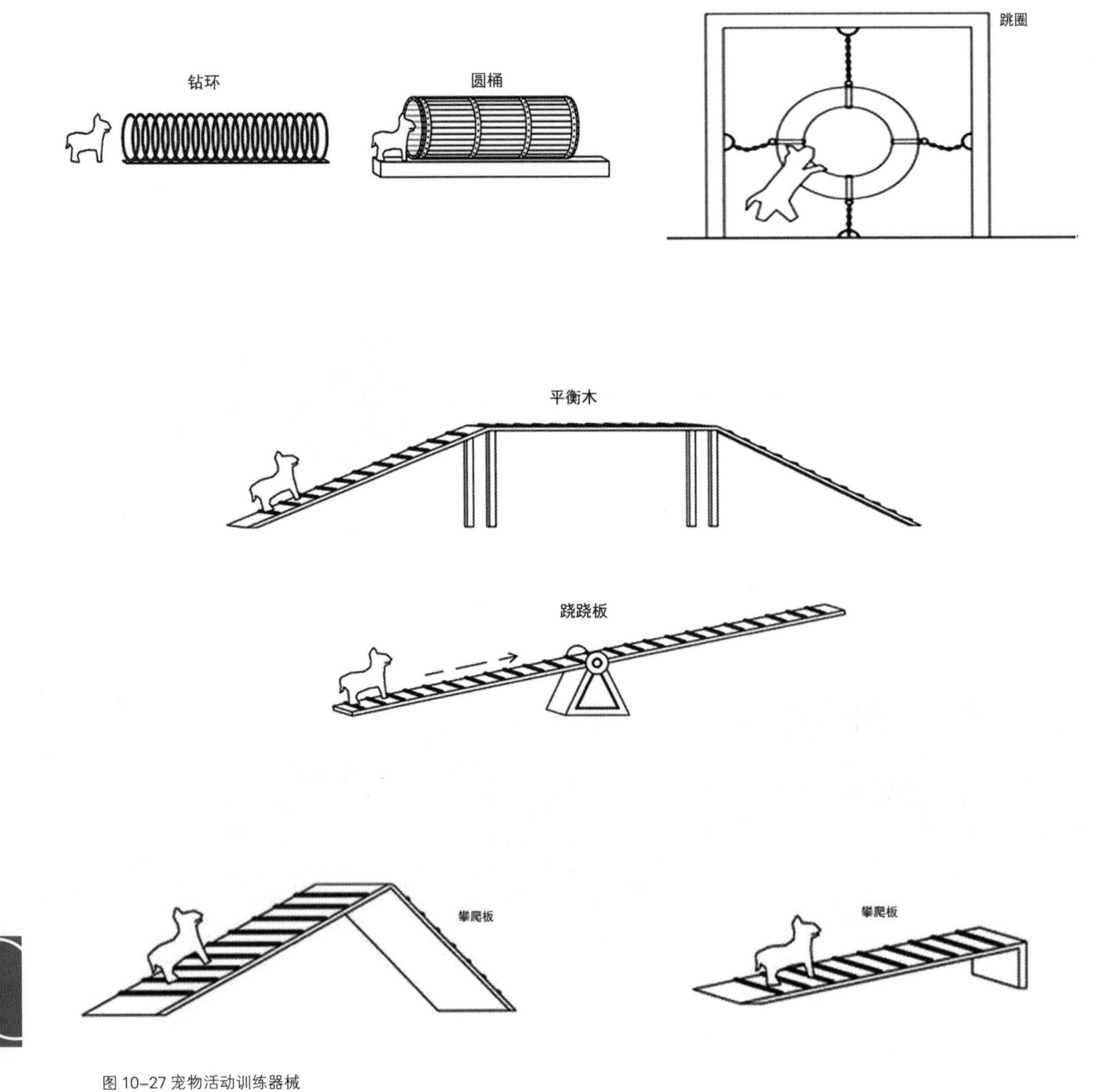

图 10-27 宠物活动训练器械

1. 篮球场

篮球场的尺寸如图所示，场地外围四边均应留出 1m 以上无障碍区。球篮高 3.05m，篮板宽 1.80m，自篮板下沿向上 15cm 处安装球篮。同时篮板应与距离端线内沿中点 1.2m 的地方垂直，而支柱则应放置在端线外 1.25m 以上地方。根据篮球运动的特点，场区地面应采用防滑铺装，同时为解决排水和地面硬度的问题，尽可能采用沥青类、合成树脂类地面。

2. 排球场

排球场的尺寸如图所示，场地外围四边应留出 3m 以上无障碍区。球网高度 224cm 或 243cm。球网长 9.50m，宽 1m，网孔 10cm 见方，黑色。上沿缝有 5 厘米宽的双层白色帆布。球网挂在两侧的球网柱上，与中线垂直。为了节约用地，在城市中经常把排球场和篮球场布置在同一个场地内，如图所示。根据排球运动的特点，场区地面应采用防滑铺装，沥青类、合成树脂类地面。

图 10-28 篮球场地

图 10-29 排球场地

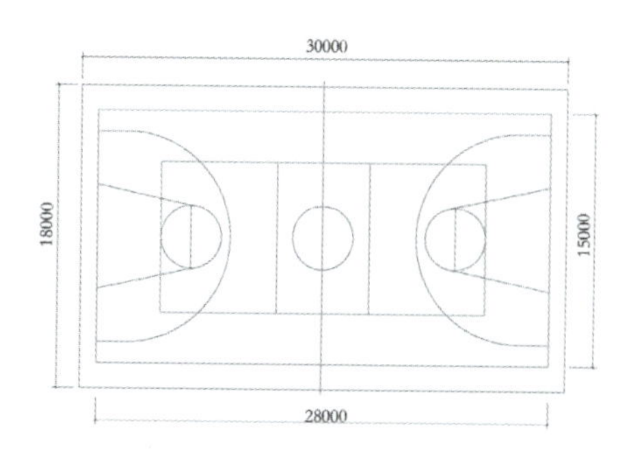

图 10-30 篮球场与排球场混合场地布局图

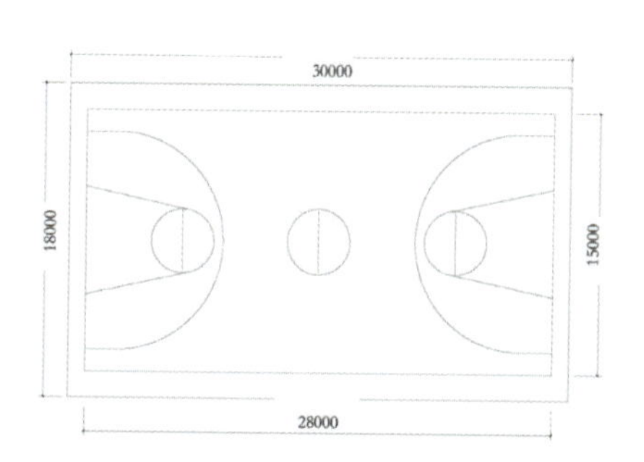

图 10-31 篮球场布局图

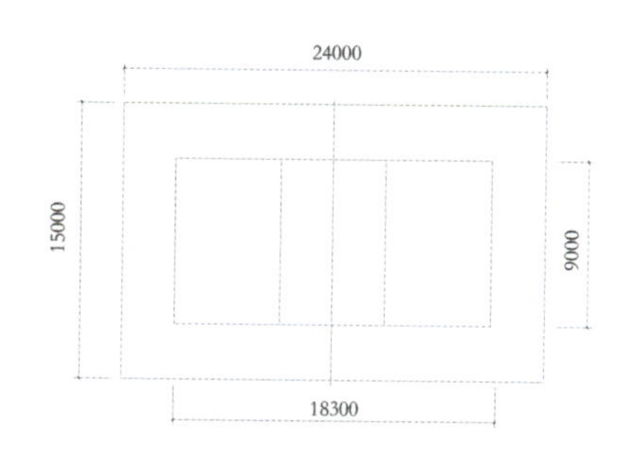

图 10-32 排球场布局图

3. 网球场

网球场的尺寸如图 10–33，10–34 所示。场地上需设置休息使用和放置随身物品的长凳。周围网的高度一般 3~4m，具体设计时，则应根据相邻地点的具体情况，以球不会飞出的高度为宜。围网用铁丝网的网眼为菱形，网眼直径以网球无法穿越的 45mm 为准，且尽量选用强度大、耐久性强的镀铝铁丝（AS 线）（图 10–33）。为了防止网球从围网底边滚出，应采取预防措施，或缩小围网与地面间的空隙，或在底边再加拦网。围网外宜种植桧柏和开花灌木。网球场一般采用水泥基础丙烯酸底涂。

4. 足球场

足球场的尺寸如表 10–2 所示。

设计要点：

① 足球场地外侧应留有运动员缓冲地带和比赛时巡边裁判员活动地区，其宽度为：边线外≥ 3m，宜≥ 5m, 端线外≥ 7.5m；

② 足球场宜为天然草皮地面，草地范围应超出边界线 1.5m 以外；

③ 场地应有良好的排水和渗水性能，地面坡度应≤ 0.5%，设计坡度宜为 0.3%~0.4%；

④ 避免长轴与主导风向平行和运动员正对太阳产生眩光，根据当地地理位置、风向和比赛时间等因素确定最佳方位。国际足联提出偏东或偏西不得超过 15 度。

图 10–33 网球场围网

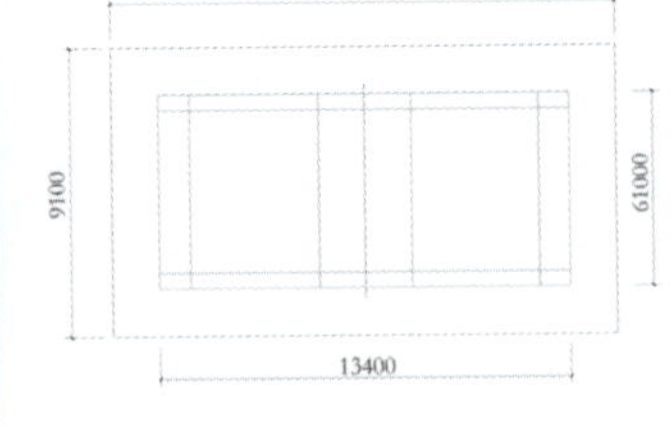

图 10–34 网球场布局图

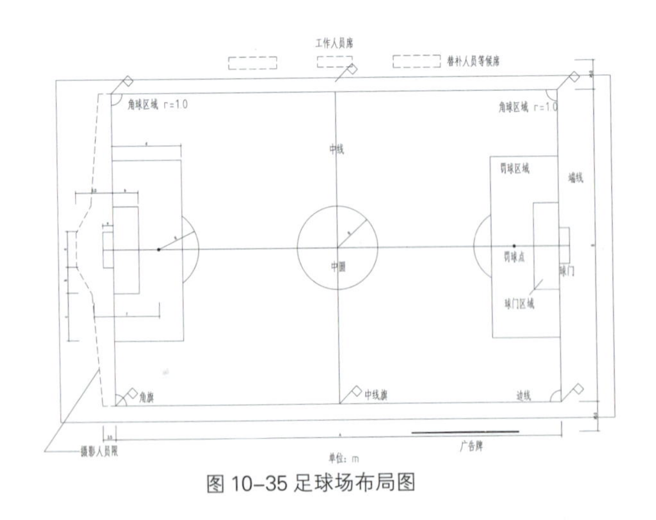

图 10–35 足球场布局图

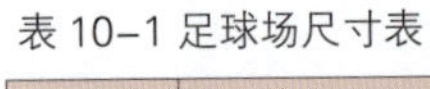

表 10–1 足球场尺寸表

类型	使用性质	长（m）	长（m）
标准足球场	一般性比赛	100~110	64~75
	国际性比赛	105~110	68~75
	设在 400m 标准跑时（常用）	105 104	68 69
	专用足球比赛（常用）	105	70
使用性质	非正规比赛（可东西划分为两个小场）	90~110	45~75

表 10–2 足球场具体尺寸

类别	A	B	R	a	b	c	d	e	f
标准足球场	见（表 10–1）	见（表 10–1）	9.15	7.32	5.50	11.00	16.50	2.44	11.00
小型足球			6.00	5.50	4.50	8.50	13.00	2.20	9.00

5. 门球场

门球场的尺寸如图 10–39，场地外围四边尽可能留出 2m 左右自由区。地面一般采用黏土或草坪铺装，但铺砂型人工草坪场地、透水型人工草坪场地更为合适。标准地面排水坡度为 0.3%。球场方位不必作特别考虑。

6. 羽毛球场

羽毛球场的尺寸如图 10–37 所示，场地外围四边应留出 1.5m 左右无障碍区。任何并列的两个球场之间，最少应有 1.5m 的距离。羽毛球网长 6.10m、宽 0.76m，为优质深色的天然或人造纤维制成，网孔大小在 15~20mm 之间，网的上沿应缝有 75mm 宽的双层白布（对折而成），并用细钢丝绳或尼龙绳从夹层穿过，牢固地张挂在两网柱之间。标准球网应为黄褐色或草绿色。网柱高 1.55m。球场四周的宜种植深绿色常绿植物，既能挡风，又能作为球场的背景色，避免出现看不清球的情况。

7. 乒乓球场

标准乒乓球场的尺寸（图 10–36，10–38）。乒乓球比赛的场区应不少于 14m 长，7m 宽，4m 高。乒乓球台面长 2.74m，宽 1.525m，高 0.76m，球网长度为 1.83m，高度为 15.25cm。居住区中常同时设置多个乒乓球台，多个球台布置在一起时，单个球台应留出两长边外沿 2m 以上、两短边外沿 4m 以上无障碍区。乒乓球台的台面不论选何种材料，其弹性标准是：标准球从 0.3m 的高处落至台面，弹起的高度约为 0.23m。在北方地区，露天乒乓球台台面须稳定性好，耐气候性强、耐老化程度高，防腐、防晒、防雨、阻燃、不易变形、不开裂、不易被损坏。常用的的材料有酚醛胶多层板、水磨石、玻璃钢、色胶水泥等等。

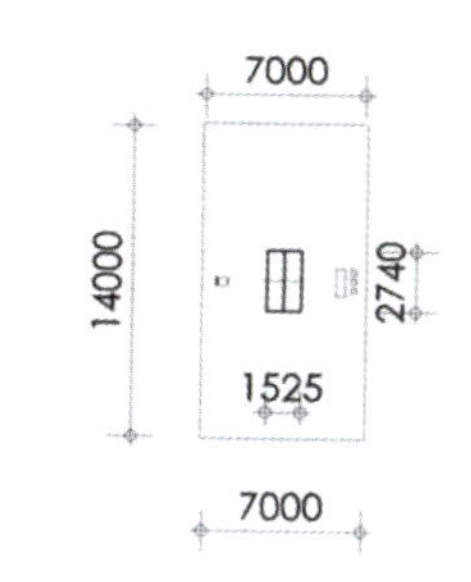

图 10–36 标准乒乓球场布局图

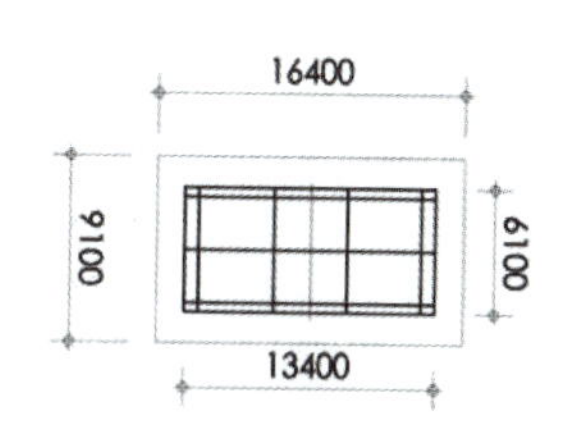

图 10–37 羽毛球场布局图

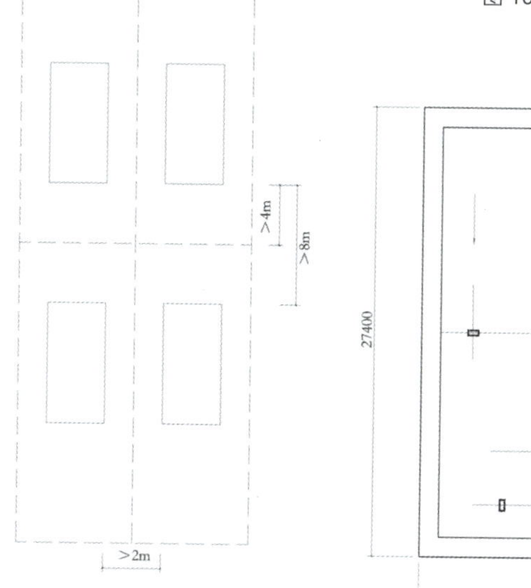

图 10–38 居住区并排乒乓球场布局图

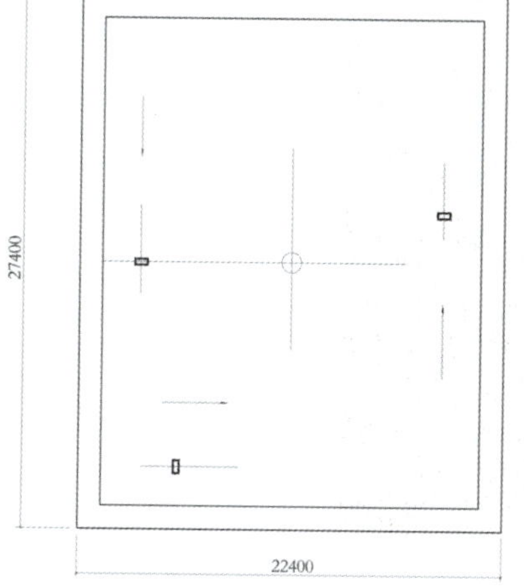

图 10–39 门球场布局图

图 10–40 乒乓球场地

1. 基层处理

把足球场基础冲净，为保证平整度和坡度，基层个别高的地方，加以整平，个别低的地方，用同样基础料补平。

2. 无纺布铺设

在弹性体上铺设无纺布（200g/m^2）一层，无纺布交接处重叠 10–15cm 用万能胶粘接，要求无纺布排列方向与人造草坪方向成 90° 正交方向，要平坦、无皱。无纺布没有编织方向，受力均匀有利于保护草坪底层，稳固草坪。

图 10–41 人造草坪示意图

3. 人造草坪铺设

① 在草坪底部铺装前应将所有草坪展开放 2~3 天，这样可避免由于草坪的热胀冷缩中张力引起皱纹和接缝开裂的现象（图 10–41）。

② 依设计图纸之规格及人造草坪运动场材质之规划，进行测量放线，放线基准点须使用明显橛，容许误差 ±5mm（图 10–42）。

③ 依放线铺装人造草坪，新型人造草坪表层呈绿色外观，增加草坪面层的强度和弹性，活动者与草坪的磨擦处在直草的顶部，而曲草与活动者磨擦处在曲草的中部，在同样磨损条件，直型草坪粘接时候，一定要等到不粘手时开始粘接否则接缝不牢固，铺装完毕后检查接缝是否牢固，让接缝胶稳固四天后才能冲砂及胶粒，交接处是否平整，如有问题应及时修整流器。铺装过程采用机械设备施工，代替以往全由人工铺装，严谨了施工工艺，可有力地保证了工程质量。

图 10–42 人造草坪结构示意图

4. 填充石英砂及橡胶颗粒

第一层填充石英砂，充砂量根据草坪的密度和高度而定，砂直径为 0.4~0.8mm，充砂中充砂机速度及充砂量要均匀，要保持石英砂和场地干燥，以使充砂顺利。

第二层填充橡胶颗粒，冯胶粒量根据草坪的密度和高度而定，胶粒直径 0.6~1.5mm，冯胶粒完成后需检查是否平整及充足，不足处需酌量添加，多余的清除，量后用毛刷来回铺刷以保证充砂均匀，场地平整，充砂及胶粒量应在草的高度下，这样才能增强表面的舒适感，保持自然的绿色处观，并使摔倒和滑动的磨擦最小化。

1. 基层处理

①塑胶面层施工前，要对基层进行修整，确保新铺胶面与基层结合紧密又节约面料。基层要保持干燥、清洁，基层强度、平整度、密实度（不允许有冻裂现象）等均须验收合格。

②对局部超高，用液化气喷头烧烘铲平，对于过低处事先补刮一层胶使符合高程需要。碾压不实和铲凿的地方，要用手锤敲实。

③在沥青砼面层施工完毕后10天后，进行塑胶面层铺筑。

2. 支立框模

在整理好的基层上，选点拉线控制。弯道部分把塑料框模调整到样线的曲率，选用框料的厚度，比胶面设计厚度减薄1mm，两根框模的接头要预留5~7mm缝隙，作为温度膨胀余地，同时便于从缝隙插入铲刀拆模。

3. 摊铺胶料

①聚胶体配制：将色浆加入一定量的预聚体，常温下混合料搅拌数分钟，再加入20%~30%的黑胶体粒，继续搅拌数分钟即为混合胶料。

②摊铺：聚氨脂胶液从料车流入后用平刮尺刮平，两侧用抹子挡住刮尺送来的胶液，防止溢出框模，在横坡低处边缘位置允许缺角，以免胶液流淌超 出接缝面，聚氨脂胶液在初步固化前会不断有小气泡出表面，需要用抹子将小气泡排除处理。

③检查厚度：在施工过程中，用针插入定点，检查厚度及时修补。

④撒铺红、绿色胶粒磨损层：在胶液铺筑5~7min时，撒铺（气温高时可提前）红绿胶粒磨耗层，不宜撒的过早，过早会沉入胶液中造成接缝长出和产生小蜂窝的缺陷，过迟则粘接不牢，出现光疤也影响质量，适时的掌握胶液初步凝结薄膜时，用手指轻拈胶液表面并提起胶液体可拉长丝约5~7cm时，即可在上面满撒面胶料色粒，面胶料色粒嵌入深度1/2~2/3为宜，浮在上面多余的色胶粒，待次日拆模后扫除回收再次利用，喷涂表面保护层即成混合型跑道。

4. 施工注意事项

①聚氨脂胶面施工时最怕水，胶液在初步固化前碰到一滴水珠就会产生一个大气泡，施工人员在高温下作业，要准备毛巾擦汗，并做好雨季应急防雨措施。

②铺胶液的时间要避免早晨大气中和地面湿度较大（相对湿度不超过75%）的时候，即使在晴天也要在上午9时以后铺筑。

③胶面的实铺厚度，是指从胶面底至表面层胶粒的中心，一般按两方面控制，首先通过立模（靠尺）进行预检，对基层局部高出的地方进行修砍或锤击夯低，如高出不多，修整时采用刮尺上加卡具，离模刮浆，来保证铺装厚度。

④防止胶铺筑后局部打泡，对于基层密度要严格控制，防止沥青砼基层自身嵌挤不实，粘接力较差表面气化，发生胶面被拉断。

铺地

1. 铺地的概念

从广义上讲，铺地是“地”的表现，是城市景观空间的根本。不同的“地”体现出不同的使用特征，城市铺地是自始至终地伴随着生活在城市中的居民的，从某种程度上对城市的景观效果产生着影响；从狭义角度来看，城市中的景观铺地是指在环境中运用自然或者人工的铺地材料，按照一定的方式铺设于地面形成的地表形式，是构成景观的重要因子。铺地分为园路和广场铺地。

2. 景观铺地的特性

（1）平面性

景观铺地是空间底界面的构成主要元素。在形式上，景观铺地具有平面的二维属性。将底界面看做是一块画布的话，景观铺地就相当于是这块画布上的“画”，在设计及观赏使用上，具有平面的基本属性。所不同的是，景观铺地的观赏角度从人的行为视角来看，一般是透视的“平面”，平面图形是基于二维基础上的，其所构成的基本要素的形态、材料、颜色等具象的细节并没有限制，任何视觉能感知的二维元素都可为其用。但景观铺地不同，虽说铺地的构形是通过平面构成要素中的点、线和形得到表现的，但铺装的图形设计元素是具有一定限制性的，其运用的材料一般是有规则、有形状的，或者具有特定的属性，场地的不同边界也对景观铺装进行了某种程度上的制约。因此，景观铺装设计较单纯的平面设计较有不同。如果将铺装材料看做是三维物体的话，景观铺装设计相当于是利用三维的材料创造基于平面图形构成规律的二维画面，这个二维画面同时要考虑到景观铺装所处空间的三维效果，也就是说，二维的景观铺装的设计应该是从其所属的三维空间出发的。

（2）谦让性

谦让性从景观铺地的设计层面来讲，景观铺装作为空间界面的一部分，并不是孤立存在的。一般情况下设计者在做园林设计的时候，设计程序一般是先进行空间的处理及根据功能等对空间进行定性，其后涉及铺地及其他景观要素的设置、风格及形式等。往往是空间与造园要素从宏观上整体考虑，景观铺地对于空间的整体表现具有绝对的谦让性，同时也会伴随着对其他造园要素的谦让与融合。从园林空间角度讲，景观铺地相对于侧界面来讲是处于附属地位，往往是配合其他造景元素来表现空间概念的。同时作为底界面的媒介也是连接各造园要素的衔接体，根据应用手法不同，景观铺地可以对独个造园要素在空间中的景观效果进行提升、融合、削弱，起到一个总体平衡的作用。总的来讲，景观铺地是“需要为整体空间的利益而克制自我表现的强烈愿望”的媒介。

（3）可感知性

景观铺地的感知性是相对于使用者来讲的。人作为园林空间的使用者与受益者，所接受的信息是通过人五感中的视觉、听觉、嗅觉以及触觉来传达的。对于景观铺地来说，是通过人的视觉、触觉来传达铺地本身的物质及精神信息的。

景观铺地作为环境中可被视觉感知的客观物体，它的视觉特征一般具有可识别性及观赏性。

景观铺地除具有一般的交通功能、承载功能外，还具有与所处环境相适宜的景观可观赏性。景观铺装可作为单体展示其具有某种意义的美，也可与其他造园要素组成一个具有可观赏性的共同体。观赏性是基于人的审美来讲的，景观的观赏性是人在观察某对象的情况下，视觉受到该对象的刺激，按照情感逻辑在人的头脑中对原有记忆进行加工、组合成新的形象的思维活动。景观铺地的可观赏性同样也是建立在人的审美基础之上的，往往铺地本身的材质、色彩、构形、尺度等均可满足人对景观的观赏要求。

铺地给人的触感是通过人的足底感觉传达的，而产生不同感觉是由于铺地材质的不同质感。同种材质经过不同的表面处理，同样可以产生不同的足部感受，例如同样的花岗岩，光面的花岗岩铺地材料与斧剁面花岗岩铺地材料从行走感觉上给人以不同的感受。

1. 定义

园路是组织和引导游人观赏景物的通行空间，与建筑、水体、山石、植物等造园要素一起组成丰富多彩的园林景观。而园林道路又是园林的脉络，起着组织空间、引导游览、交通联系并提供散步休息场所的作用。

2. 分类

（1）根据性质和功能分类

①主要园路

主要园路是指从园区入口通向全园各景区中心、各主要建筑、主要景点、主要广场的道路。通过它对园内外景色进行剪辑，以引导游人欣赏景色。是园林内大量游人所要行进的路线，必要时可考虑少量管理用车的通行，道路两边应充分绿化，道路宽度一般在 3.5~6.0m。一般不超过 6m，以便形成两侧树木交冠的庇荫效果。另外，主干道的坡度不宜太大，一般不设台阶，以便通车运输。

②次要园路

次要园路分散在各景区，主要起到沟通各景点、建筑的作用，是主要园路的辅助道路，宽度一般为 2.0~3.5m。

③游步道：游步道是供散步休息，引导游人进一步的深入到园林的各个角落，如山上，水边，树林多曲折自由布置的小路。一般而言单人行的园路宽度为 0.8~1.0m，双人行的路宽为 1.2~2.0m。应尽量满足二人并行的需求。

④园务路

园务路是为便于园务运输、养护管理等的需要而建造的路。这种路往往有专门的入口，直通公园的仓库、餐馆、管理处、杂物院等处，并与主环路相通，以便把物资直接运往各景点。在有古建筑、风景名胜区，园路的规划布置还应考虑消防的要求。

（2）根据结构类型分类（图 11–1）

①路堑型　路堑型园路的路面低于周围绿地，道牙高于路面，采用道路排水。

②路堤型　平道牙靠近边缘处，路面高于两侧地面，利用明沟排水。

③特殊型　如步石、汀步、蹬道、攀梯等类型的园路。

（3）根据材料分类

可分为混凝土路面、沥青路面、预制砌块类路面、砖砌路面、石材路面和卵石路面（图 11–2 ~图 11–10）。

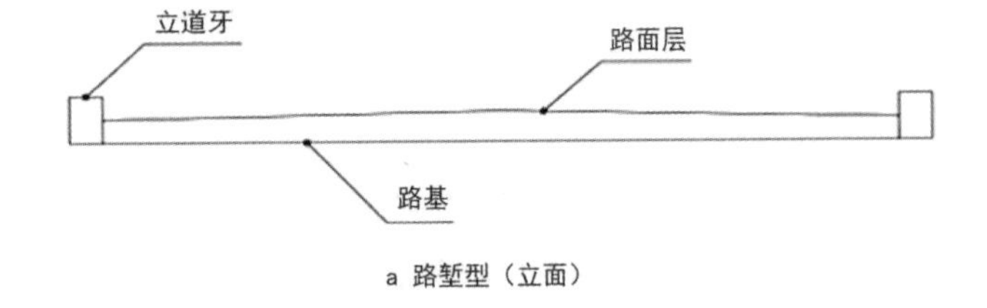

a 路堑型（立面）

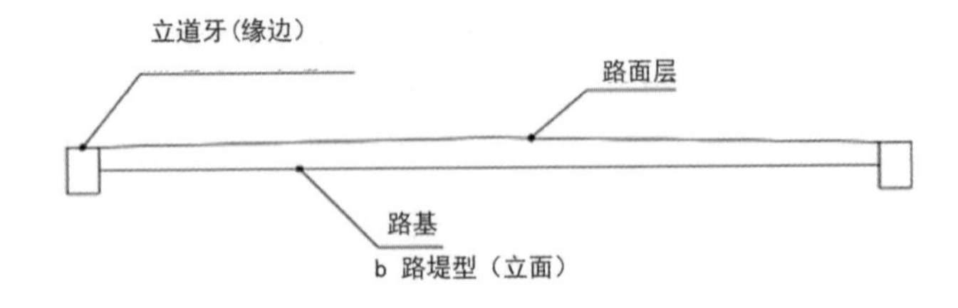

b 路堤型（立面）

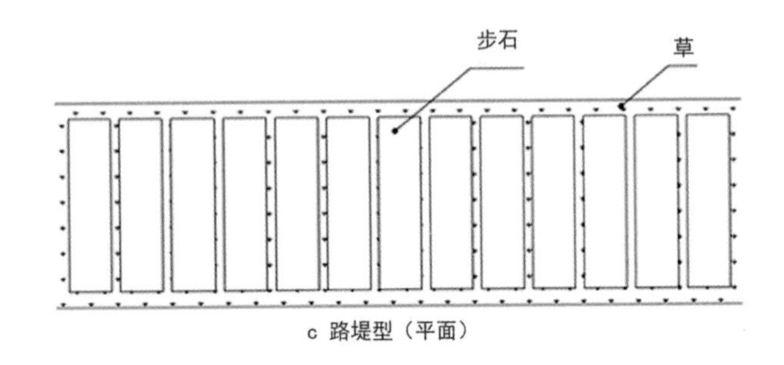

c 路堤型（平面）

图 11–1 根据结构类型分类

图 11-2 花岗岩园路

图 11-3 花岗岩小料石园路

图 11-4 青石板园路

图 11-5 卵石拼花园路

图 11-6 水洗石园路

图 11-7 花岗岩间卵石园路

图 11-8 砌块砖园路

图 11-9 砌块砖与花岗岩园路

图 11-10 沥青园路

图 11-11 曲折的园路

图 11-12 园桥

图 11-13 汀步

3、园路的设计原则

（1）回环性原则

园林中的道路多为四通八达的环行路，游人从任何一点出发都能遍游全园，不走回头路（图 11-11，11-14）。

（2）疏密适度原则

园路的疏密度同园林的规模、性质有关，在公园内道路大体占总面积 10%~12%，在动物园、植物园或小游园内，道路网的密度可以稍大，但不宜超过 25%。

（3）因景筑路原则

园路与景相通，所以在园林中是因景得路的布局原则。

（4）曲折性原则

园路随地形地貌和景物而曲折起伏，若隐若现。“路因景曲，境因曲深”，造成“山重水复疑无路，柳暗花明又一村”的情趣，以丰富景观，延长游览路线，增加层次景深，活跃空间的气氛。

（5）多样性原则

园林中路的布局形式是多种多样的。在人流集聚的地方或在庭院内，路可以转化为场地；在林间或草坪中，路可以转化为步石或休息岛；遇到建筑，路可以转化为“廊”；遇山地，路可以转化为盘山道、磴道、石级、岩洞；遇水，路可以转化为桥（图 11-12）、堤、汀步（图 11-13）等。路又以它丰富的体态和情趣来装点园林，使园林又因路而引人入胜。

图 11-14 园路的回环性

1. 集会广场的铺地

集会广场的主要目的是供群体活动，所以应以硬地铺地为主，铺装设计要体现庄重、大方、气派的特点。一般采用明度低、纯度高的色系。集会广场尺度较大，铺装适宜采用简单的大尺度构形，可适当点缀绿化和小品，以减少大面积铺地带来的单调感和冷漠感。为了加强稳重端庄的整体效果，集会广场的建筑群一般呈对称布局，标志性建筑亦位于轴线上。因此，整个广场的铺地构形亦多采用轴线的设计手法，对轴线的强调使空间具有方向性，形成序列空间，使人容易领会和把握空间，增加了空间的可读性。在材料选择上一般采用质感粗糙，无光泽的材料，以给人朴实、庄严肃穆之感。材料要有足够的抗压强度、良好的稳定性和抗滑能力，应该平整、耐磨、耐久，以满足庆典、游行、检阅等集会活动的要求。可采用石料板材、水泥混凝土板块铺装，但后者的环境艺术功能较差，需对其表面进行装饰处理。为了保证集会广场场地的平坦，在广场的横断面设计中应尽量减少坡度，所以当采用整体性铺装材料时，选择透水式沥青路面会获得非常好的效果，既解决了表面排水的问题，同时又具有良好的吸收噪音和导热功能。

图 11-15 集会广场——天安门广场

2. 纪念广场的铺地

纪念广场具有深刻严肃的文化内涵，对于此类广场的铺地，应该根据纪念主体和整个场地的大小来确定其大小尺度、构形设计，材料的质感和色彩的选择应确保创造出与主题相一致的环境气氛，多采用象征、暗喻的手法加强整个广场的纪念效果，产生更大社会效益。

例如，湛江时代广场采用了大尺度的铺装设计，为了充分体现港口是湛江与海外沟通的要道，上部广场的地台采用 100mm×100mm 的广场砖分色拼贴成世界地图，图内用金属钢字标注由湛江港口通往世界著名十大港口的里程，象征着湛江因良港而走向世界的文化内涵，体现了强烈的时代气息。

又如，在南京大屠杀纪念馆祭奠广场上铺筑了一条长 40m、宽 1.6m 的铜版路，每块铜版都是 40cm 见方，厚 6 ~ 8mm。每块铜版上都印有一双南京大屠杀幸存者和重要证人的脚印，以及他们亲笔写下的姓名和年龄。这条能保存 400 年的印着 222 双或深或浅、或大或小的脚印的铜版路，径直通向“30 万死难同胞”纪念墙中央，让参观者的心灵受到强烈震撼，让世人永远铭记中国历史上那令人心痛的一刻，这种小尺度的铺装设计有效深化了广场的主题。

图 11-16 纪念广场——南京大屠杀纪念馆祭奠广场 (a，b)

图 11–17 交通广场——天津火车站广场（a，b，c）

3. 交通广场的铺地

站前广场是城市道路系统和交通系统的重要节点，它不仅具有交通组织和管理的功能，也具有修饰街景的作用。它是进出一个城市的门户，位置重要，因此对其进行铺地景观设计，可使广场空间与周围建筑有效呼应、配合，能丰富城市的景观风貌，给过往旅客留下深刻、鲜明的印象。更重要的是，可充分利用铺地景观的交通功能解决复杂的交通问题，发挥交通广场的首要功能，即合理组织交通，包括人流、车流、货流等，确保广场上的车辆和行人互不干扰，满足畅通无阻、联系方便的要求。

站前广场是城市交通中最繁忙的节点，交通转换频繁，为了便于快速集散，广场都是大尺度的开放空间。为了确保安全，要尽量避免高差变化。由于广场交通种类繁多，且各种交通的交通量都很大，为了减少不同流向的人、车混杂，或车流交叉过多，相互干扰，使交通阻塞，可采用不同的地面铺地分割车流和人流，疏导交通。人流空间和车流空间之间可以通过高差、隔离墩、绿化带等手法加强边界界定，增强安全感。人流集散空间多采用石料板材、水泥混凝土预制砌块等材料铺地，可利用不同的材料、铺地形式划分出进站人流和出站人流通道。也可以利用材料变化，配合绿化，采用下沉的设计手法，分割出尺度宜人的休息空间。对于车流集散空间，铺地材料必须具有足够的强度、刚度和良好的稳定性、抗滑性，多采用经过表面工艺处理的水泥混凝土板块类材料。应该分别划分出进口、出口、客运、货运车流通道。也就是说，站前广场的铺地设计应该形成合理的路径，诱导、疏散交通。在色彩设计上除考虑与周围环境协调外，一般采用冷色调，色彩不应过杂，以一种或两种为主较好，以避免给人们带来烦躁不安的心情。而铺地构图应采用大尺度的简单设计，以突出广场空间的开敞性。

另一类城市干道交汇形成的交通广场，也就是常说的环岛，一般以圆形为主，由于它往往位于城市的主要轴线上，所以其景观对形成整个城市的风貌影响甚大。因此，除了配以适当的绿化外，还应对其进行铺装。铺地构形多采用发射形式，考虑行车速度的影响，为满足视觉特性，构形应简单，色彩应鲜明，吸引人们注意。可采用石料板材或地面砖等材料。有时，环岛中央还设有重要的标志性建筑、雕塑或大型喷泉，有效美化了城市街道环境。

4. 商业广场的铺地

商业广场一般位于整个商业区主要流线的主要节点上，如开端、发展、高潮、结尾。广场中设置绿化、雕塑、喷泉、座椅等城市小品和娱乐设施，使人们乐在其中。而地面铺装景观设计则让整个广场更具吸引力，不但形成专用的步行空间，美化空间环境，给人以安全感和舒适感，而且能够使空间具有一定的导向性，引导人流向某些设施前进，并使人在空间中能随时确定自己的方位以及自己与目标设施的距离，满足人们心理上对场所感的追求，让人们充分享受“城市客厅”的魅力。

商业广场的铺地风格应与周围环境协调统一，为满足人们的聚集要求，营造有效的交往空间，铺装整体面积一般较大，但设计尺度应符合人体尺度，给人以亲切感。材料质感应光滑细密，突出其精致、高雅、华贵，且尺度感较小，但同时要注意防滑问题。一般采用砌块类材料，并利用砌缝解决防滑问题。铺装色彩应多样化，以浅色、明快色和暖色为主，以突出广场繁荣热烈的商业气氛。因此色彩鲜明亮丽的表面涂敷路面也是一种比较好的选择。商业广场铺地图案应该多样化一些，同时要注意远景视和近景视效果，给人以更大的美感。如可运用直线形成方格式构图，有效改变空间尺寸，运用曲线避免构图上的单调，使空间更丰富，具有活力。但是，追求过多的图案变化也是不可取的，会使人眼花缭乱而产生视觉疲倦，降低了注意力与兴趣。因此，在构图设计中应充分考虑这一点，恰到好处的营造充满生机的城市商业空间环境（图 11–18）。

a

b

图 11–18 商业广场——日本东京六本木商业广场（a，b）

5. 建筑广场的铺地

巨型或超巨型非公共性建筑周围也设置较大的广场，既用以疏导集散出入建筑的人流，又用作陪衬建筑主体的“底板”。其大小依据通行人数多少、建筑空间体量大小和其他空间环境艺术要求确定。作为景观铺装和建筑设计的重要组成部分，我们称这类广场为建筑广场。

建筑广场的铺面对色彩、质感、纹理、构形要求较高，并应与主体建筑形成和谐统一的艺术环境。优秀的设计实例如北京三里屯 SOHO(图 11–19) 的铺装设计，简单的线条式构图，由三种灰色系的石材组合而成，与建筑风格协调统一，使整个空间充满构成感，饶有兴趣，耐人寻味。

图 11–19 建筑广场——北京三里屯 SOHO 下沉广场

6. 文化娱乐休闲广场的铺地

对于一些大型文化娱乐休闲广场，广场面积较大，铺地比例较高，可以先运用轴线的引导、转折、延伸和轴线的交织等手段建立空间秩序。为突出主景效果，可将中轴线上的地面铺装与其他地面铺地在色彩、构图、材质上加以区别，在中轴线设置一些景观节点，使其景观跌宕起伏，层次多变，增加广场的向心力、凝聚力。然后，可以通过地面高低变化、边界、构形、色彩、材质的变化，配合绿化、水景等手段限定划分空间界限，将广场划分为若干主次分明、大小各异的空间场所，为人们营造一个个温馨的放松、休憩、游玩的小空间。每个小空间可以运用重心、符号等手法创造不同的主题，使空间环境尽量丰富，活动内容尽量复杂，以满足不同年龄、职业、文化层次人群的需要。

一般来讲，儿童喜欢活泼、欢快的气氛；青年人喜欢浪漫、充满遐想的意境；中年人喜欢温馨、高雅的气氛；而老年人则大多喜欢宁静、安全的气氛。因此，铺地色彩的选择应为营造这些不同人群所要求的空间环境而服务。铺地构形可以影响人的心理和行为，大型文化娱乐休闲广场的铺装构形应根据不同的功能分区采用形式多样的设计。例如，连续的点、线、长方形图案具有方向性，可以用于进行方向转折的地段，以对人的活动产生指示作用；方形、六边形重复排列的图案不具有明确的方向性，稳定而安宁，而圆形、曲线形形成的发射构形则具有向心性和趣味性，易于引起人们的注意。尽管色彩和构形的选择因空间功能而异，但尺度的选择都要符合人的环境行为规律及人体尺度，这样才能使人乐在其中。而且大多运用质感粗糙的材料，既具备很好的防滑功能，又使人感到朴实亲切、自然随意。这类广场大多采用砌块类材料进行铺地，而表面涂敷路面可以做成各色装饰性图案，也是一个很好的选择。

此外，还可以运用文字、符号、图案等手法增加空间的文化内涵。将铺地、绿化、水景、雕塑、装饰照明、各类小品等有机配合，精心设计，增强环境的可视性、可读性和可观赏性，体现个性魅力。例如采用模糊性边界，让铺地与草地、水面一平，可以充分接触自然、享受自然，突出可持续发展的生态原则。又如铺地上直接喷水，使空间充满动感和活力，体现时代气息。

需要注意的是，为满足不同人群的需要将广场划分为若干空间，但仍要保证广场空间的整体性。因此，为了避免空间零乱，常会采用呼应、对比、统一、重复等设计方法，使整体空间协调统一，且又丰富多彩。

在现代城市中往往还会因地制宜，在居住区内、生活性的街道旁修建一些小型的休闲娱乐广场。这种小尺度的休闲广场更加温馨，使人们可以看到和听到他人。在小空间中，细部和整体都能欣赏到，因此对铺装的要求也就更高。广场多反映一个主题，可运用重心的手法强化视觉效果，发射构形可吸引人们的注意，无方向感的方格网构形让人轻松随意，而蕴含文化特色的整体构形则不但增添空间的整体感，更使空间具有趣味性和可读性。由于空间较小，色彩不应过杂，应体现清新亮丽的自然风格，给人舒适愉快的感觉。材料的选择要注意防滑问题，以儿童、青年人活动为主的广场可选择具有动感和自由活泼气质的不规则纹理的材料，而以中老年人活动为主的广场则应该选择可以形成一定秩序性的规则纹理的材料，产生一种稳定感和节奏感，符合中老年人的心理要求（图 11–20~ 图 11–28）。

图 11-20 北京 CBD 中央公园广场

图 11-21 上海虹桥儿童交通公园广场

图 11-22 德国沃普思韦德的艺术家村广场

图 11-23 哥本哈根市城市广场

图 11-24 哥本哈根市城市广场

图 11-25 马德里丽泽公园广场

图 11-26 里斯本广场

图 11-27 文化娱乐性广场铺地

图 11-28 日本菊池市袖珍公园广场

园路广场常用铺地面材规格特性（表 11-1）

表 11-1 园路广场常用铺地面材规格特性

材料特性 \ 材料名称		一般规格（单位：mm）	适用范围	面层处理	颜色
天然材料	石板	可加工为各种几何形状，厚：20–60（人行）40–60（车行）	园路、广场	机刨、剁斧、凿面拉道、喷灯	本色
	料石（条石、毛石）	可加工成各种几何形状，长款：>200 厚：>60	台阶、路缘石	机刨、剁斧、凿面拉道、喷灯	本色
	小料石	长宽：90 厚：25–60	园路、广场	拉道、喷灯、凿面	本色
	页岩	大小不一	园路、小广场		本色
	卵石（碎石）	鹅卵石 Φ60–150 卵石 Φ15–60 豆石 Φ3–15	自然水体底部、园路(镶嵌、浮铺、水洗）		本色
	木材	可加工为各种几何形状，木材板厚：20–60，木料（砖）厚：>60	步道，小休息景观平台	防腐、防潮、防虫	本色
沥青混凝土			园路		黑色或彩色
水泥混凝土		现浇、设伸缩缝，整体路面。厚 80–140（人行），160–220（车行）	园路	抹平、拉毛、水洗石、斩假石、水磨石、模具压印	本色或彩色
水泥砖	水泥方砖	方形、矩形、嵌锁型、异型，长宽：250–500 厚：50–100	园路、广场	拉道、水磨、嵌卵石、嵌石板碎片	本色、多色
	水泥花砖				
砌块砖		方形、矩形、嵌锁型、异型，长宽：60–500 厚：45–80	园路、广场	平整、劈裂、凿毛、水洗	多色（涂色或通色体）
花砖（广场砖、仿石砖）		方形、矩形、异型，长宽：100–300 厚：12–20	步道、广场	劈裂、平整	多色
非烧结黏土砖		235×115×53（不含灰缝）	步道、小广场	平整	红、青
合成材料		现浇合成树脂　厚：10	广场、园路、人行过街桥	平整	多色
		弹性橡胶　厚：15–25	健身游戏场地		

砌块砖路面构造

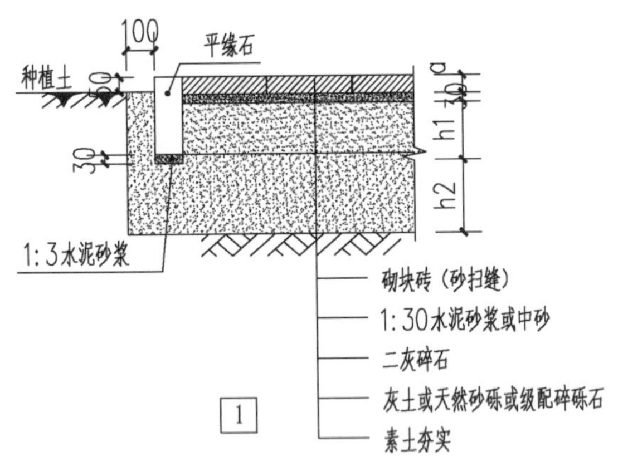

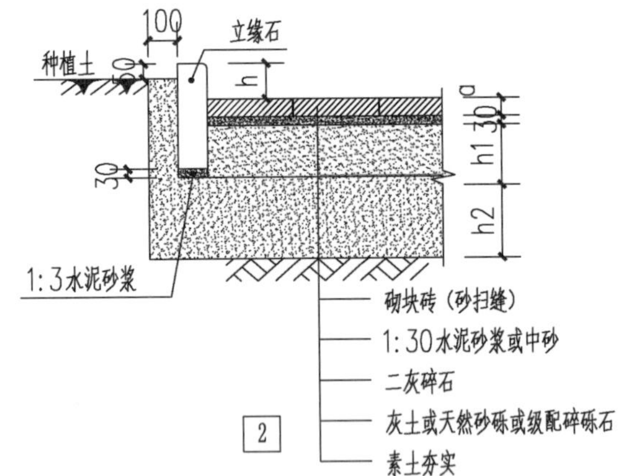

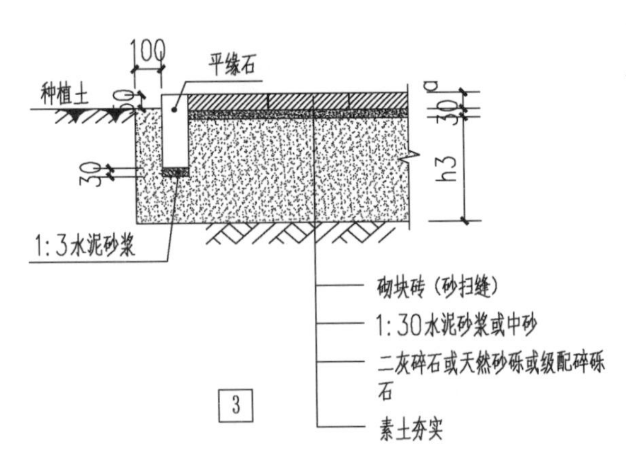

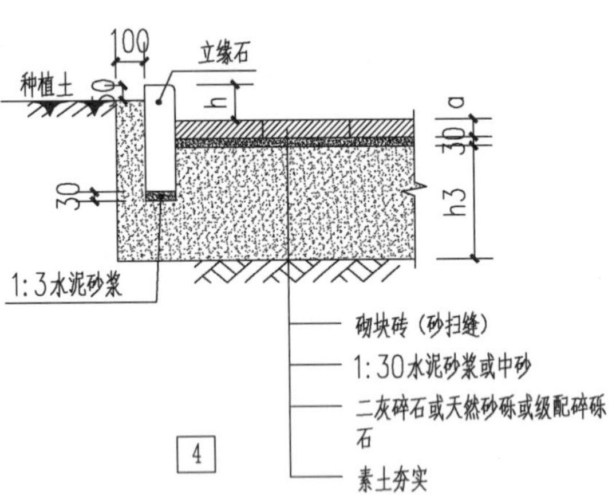

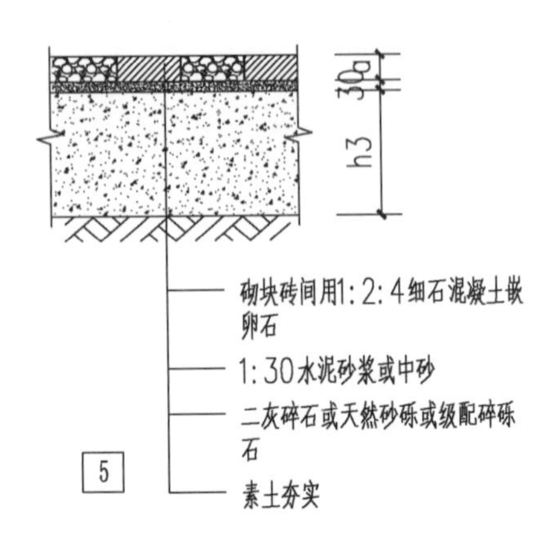

尺寸表　　单位mm

代号	承载			非承载		
	多年冻土	季节冻土	全年不冻土	多年冻土	季节冻土	全年不冻土
h1	150-200	150-200	150-200	100-200	100-200	100-200
h2	250-400	200-350	150-300	150-300	100-200	0
h3	300-500	300-450	250-400	250-350	200-300	150-250
h	80-150					
a	40-115					

说明：

1. 砌块砖铺装时水泥砂浆的含水量为30%。
2. 缘石可选用石材、混凝土等，尺寸可由设计定。
3. 水泥砖、非黏土烧结砖构造同本图构造。

花砖、石板路面构造

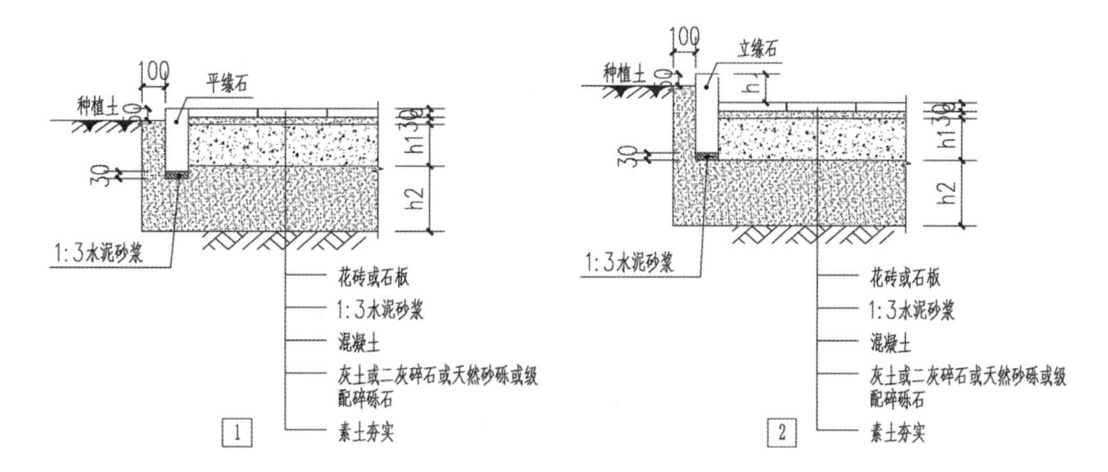

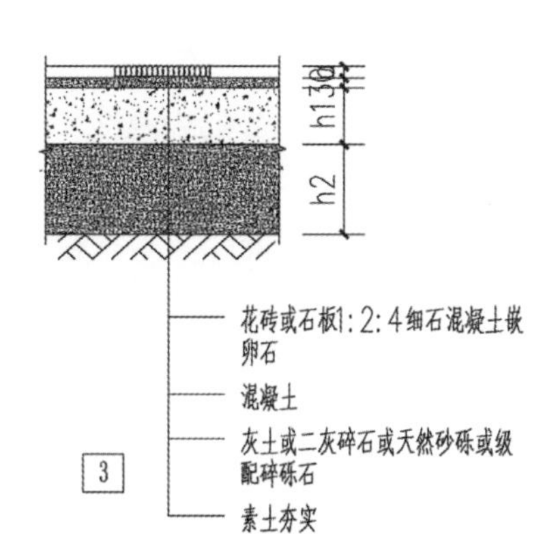

尺寸表　单位mm

代号	承载			非承载		
	多年冻土	季节冻土	全年不冻土	多年冻土	季节冻土	全年不冻土
h1	150-200	150-200	150-200	100-150	100-150	100-150
h2	250-400	200-350	150-300	150-300	100-200	0
h	80-150					
a	12-60					

说明：

1. 花砖指广场砖和仿石地砖，石板为各种天然石材板。
2. 花砖用1:1水泥砂浆勾缝，石板用1；水泥砂浆勾缝或细沙扫缝。
3. 路宽B < 5m，混凝土沿路纵向每隔4m分块做缩缝；当路宽 > 5m时，沿路中心线做纵缝，沿道路纵向每隔4m分块做缩缝；广场按4m x 4m分块做缝。
4. 混凝土纵向长约20m左右或与不同构筑物衔接时须做胀缝。
5. 混凝土标号不低于C20。
6. 缘石可选石材、混凝土等，尺寸可由设计定。

料石路面构造

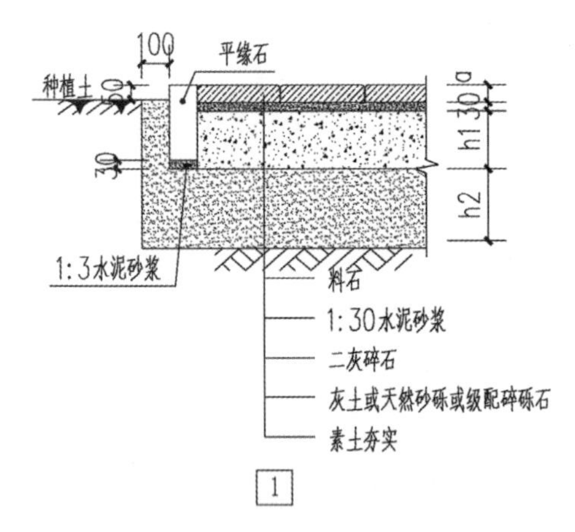

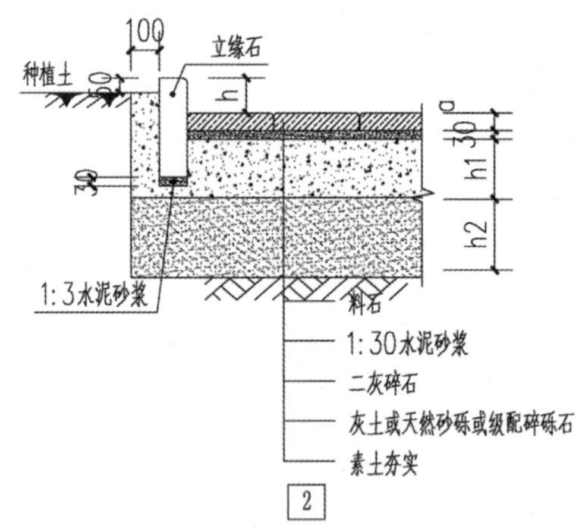

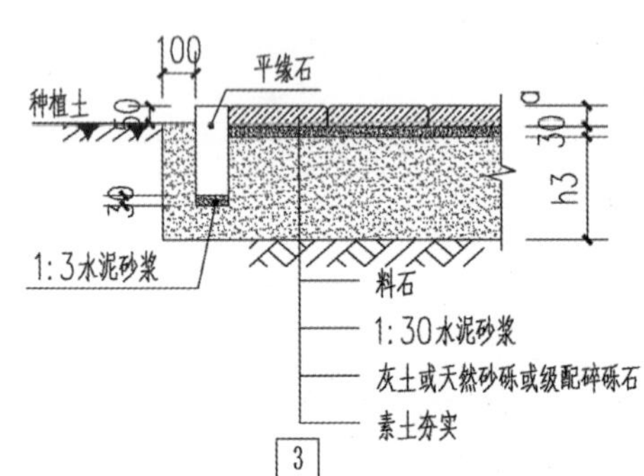

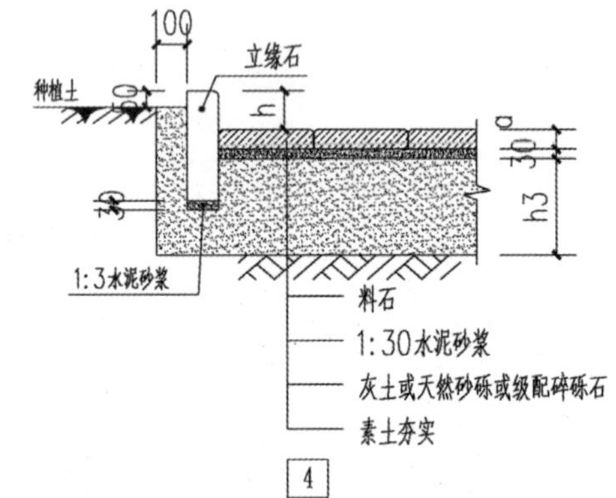

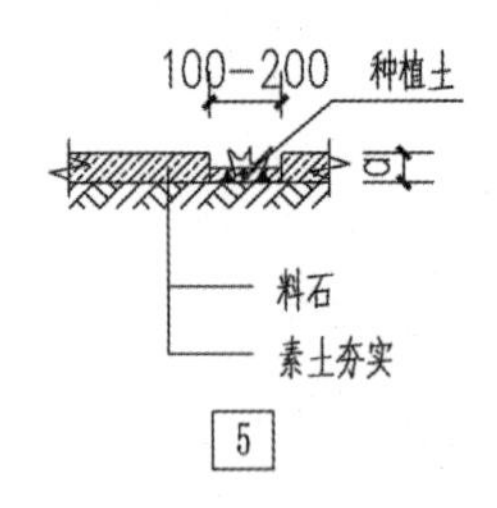

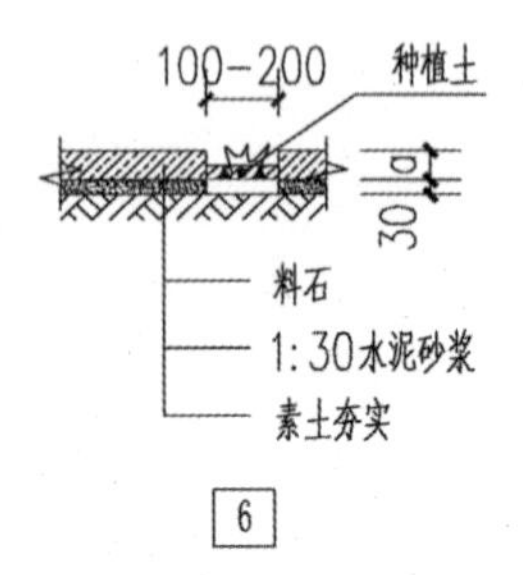

尺寸表　　单位mm

代号	承载			非承载		
	多年冻土	季节冻土	全年不冻土	多年冻土	季节冻土	全年不冻土
h1	150-300	150-250	150-200	100-300	100-200	100-200
h2	250-400	200-350	150-300	150-300	100-200	0
h3	300-400	250-350	200-350	200-300	150-250	100-200
h	80-150					
a	>60					

说明：

1. 料石为天然或加工石材
2. 缘石可选用石材、混凝土等，尺寸可由设计定。
3. 面层缝可用砂扫或用 1:2 水泥砂浆勾缝。
4. ⑤⑥适用于绿地内踏步。

沥青路面构造（一）

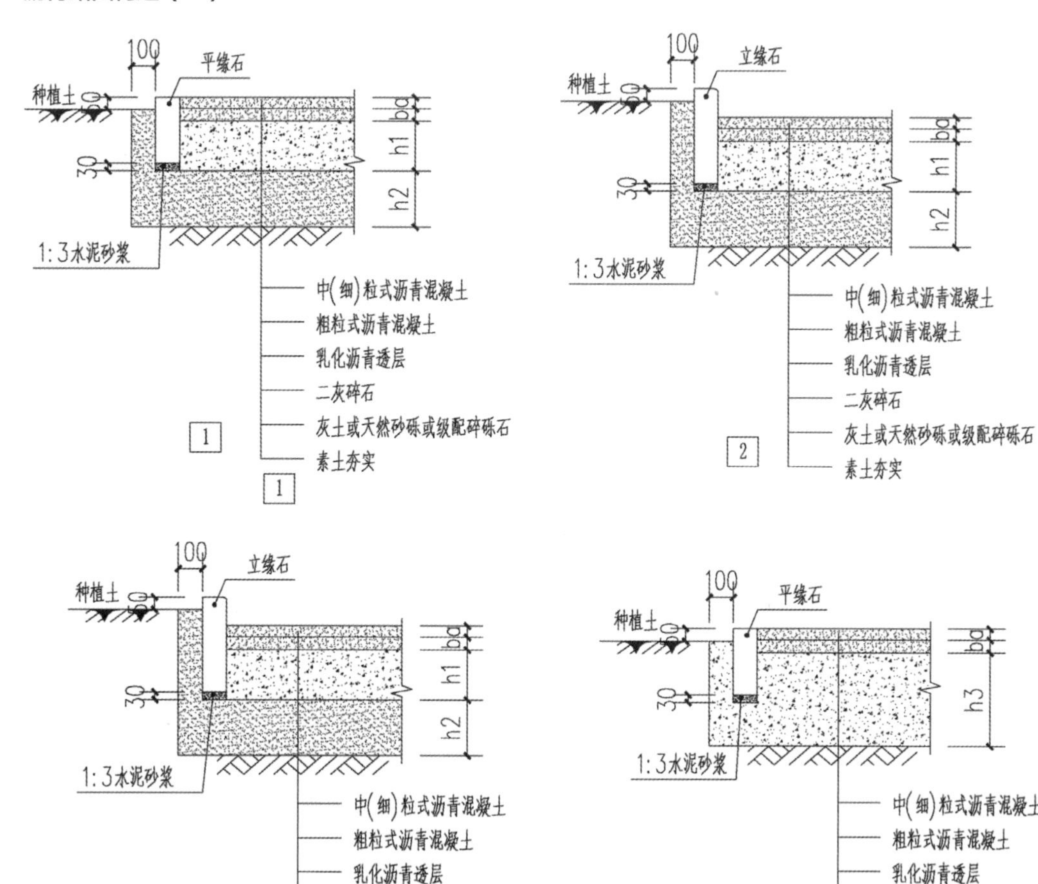

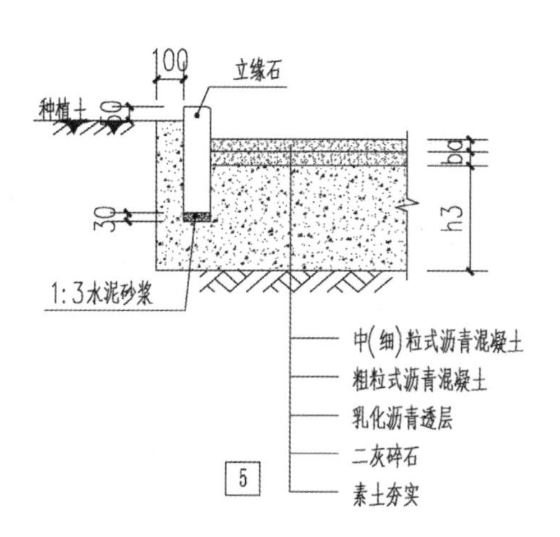

尺寸表　　　　单位mm

代号	承载		
	多年冻土	季节冻土	全年不冻土
h1	150-300	150-250	150-200
h2	200-400	150-300	150-250
h3	300-500	300-450	250-300
h	80-150		
a	30-60		
b	40-60		

说明：

1. 缘石可选用石材、混凝土等，尺寸可由设计定。
2. 乳化沥表透层的沥青用量 1.0L/m^2，上铺 5-10mm 碎石或粗砂用量 3m^3/1000m^2。
3. 本图适用于交通量比较大的承载道路。

沥青路面构造（二）

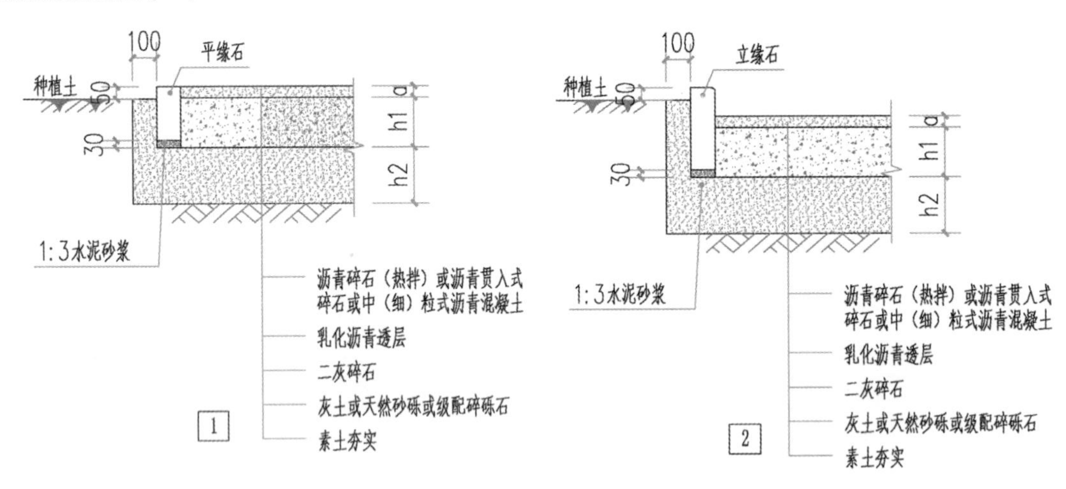

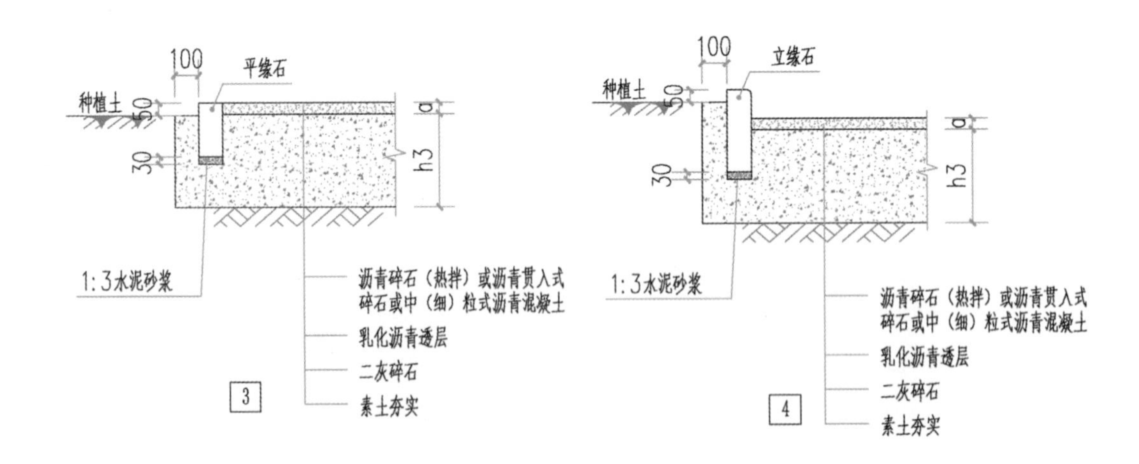

尺寸表　　单位mm

代号	承载			非承载		
	多年冻土	季节冻土	全年不冻土	多年冻土	季节冻土	全年不冻土
h1	150-200	150-200	150-200	150-200	150-200	150-200
h2	200-300	150-300	100-200	0-200	0-200	0
h3	300-450	300-400	200-300	200-300	200-300	100-200
h	80-150					
a	40-60					

说明：

1. 缘石可选用石材、混凝土等，尺寸可由设计定。
2. 乳化沥表透层的沥青用量 1.0L/m^2，上铺 5-10mm 碎石或粗砂用量 3m^2/1000m^2。
3. 本图适用于非承载或交通量比较小的承载道路。

合成材料路面构造

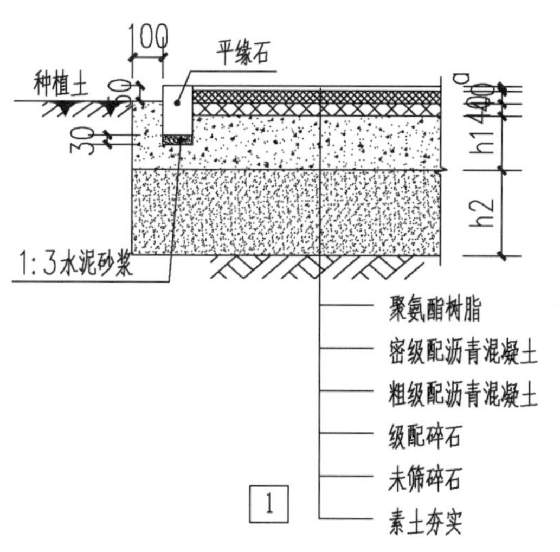

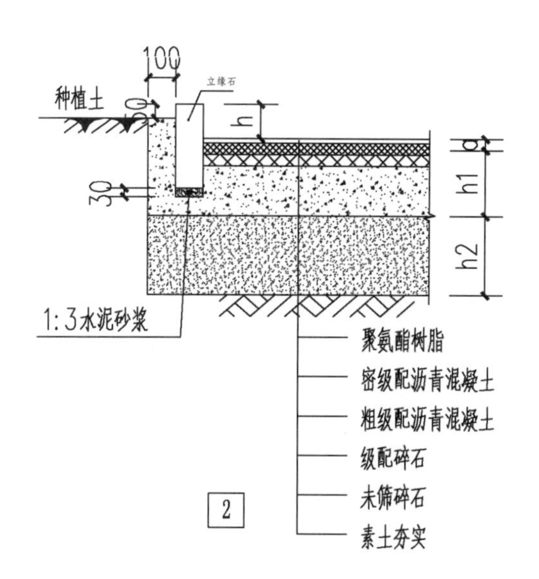

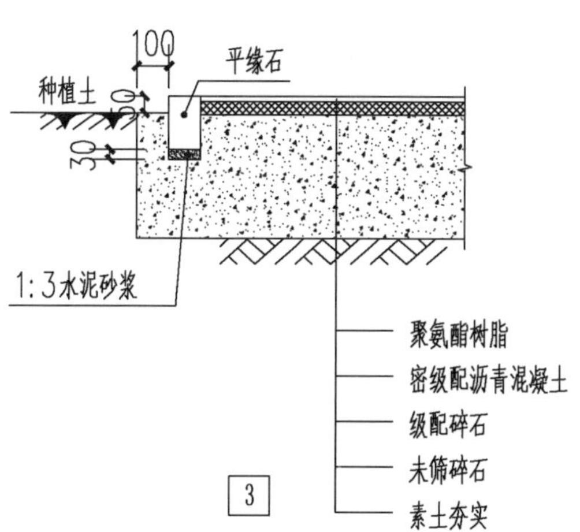

尺寸表　　单位mm

代号	承载			非承载		
	多年冻土	季节冻土	全年不冻土	多年冻土	季节冻土	全年不冻土
h1	150-200	150-200	150-200	100-150	100-150	100-150
h2	250-400	200-350	150-300	150-300	100-200	0
h3	300-500	300-450	250-400	250-350	200-300	150-200
h	80-150					
a	10-20					

卵石、水洗豆石路面构造

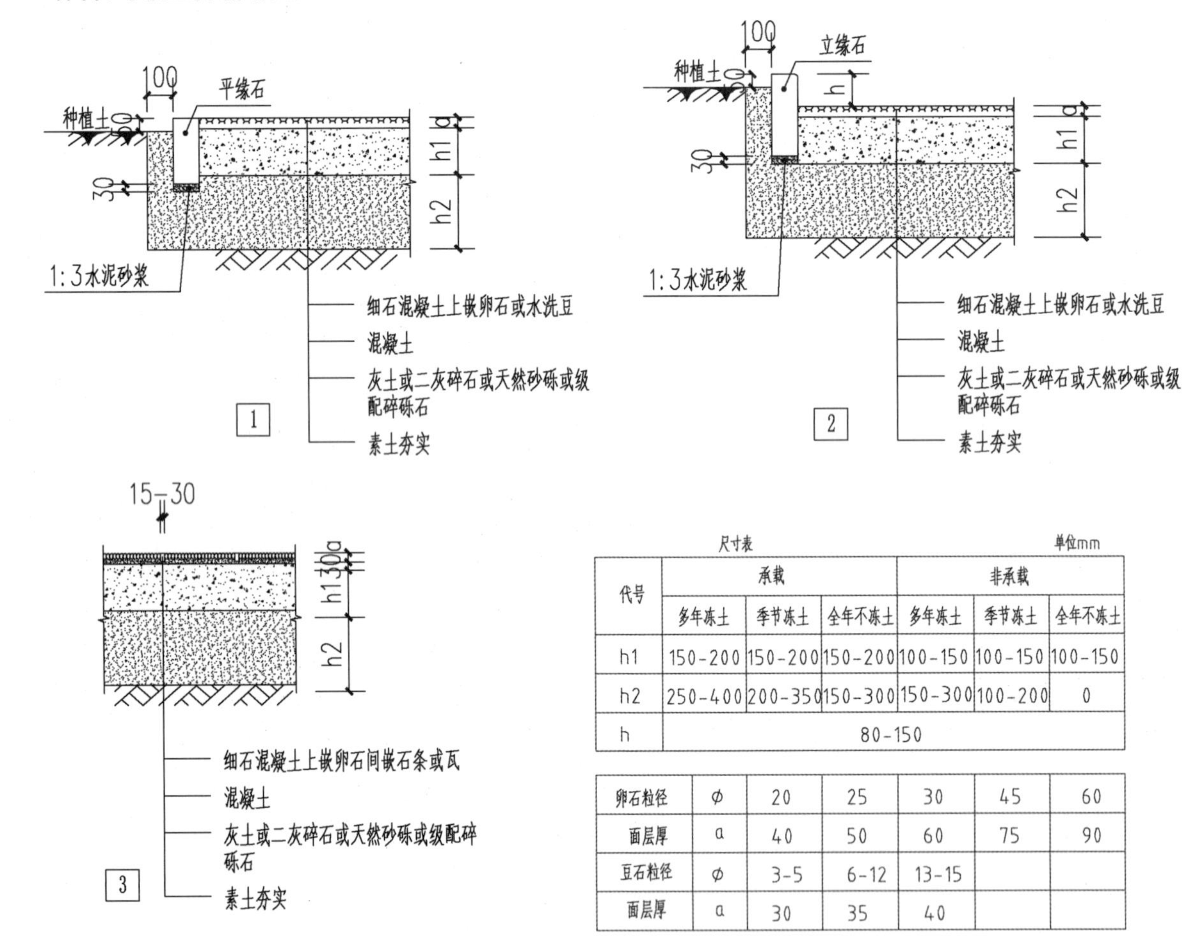

尺寸表 单位mm

代号	承载			非承载		
	多年冻土	季节冻土	全年不冻土	多年冻土	季节冻土	全年不冻土
h1	150-200	150-200	150-200	100-150	100-150	100-150
h2	250-400	200-350	150-300	150-300	100-200	0
h	80-150					

卵石粒径	ф	20	25	30	45	60
面层厚	a	40	50	60	75	90
豆石粒径	ф	3-5	6-12	13-15		
面层厚	a	30	35	40		

说明：

1. 面层为 1:2:4 的细石混凝圭嵌卵石、水洗豆石、石条或瓦。
2. 混凝土标记不低于 C20。
3. 路宽 B ＜ 5m，混凝土沿路纵向每隔 4m 分块做缩缝；当路宽＞ 5m 时，沿路中心线做纵缝，沿道路纵向每隔 4m 分块做缩缝；广场按 4m x 4m 分块做缝。
4. 混凝土纵向长约 20m 左右或与不同构筑物衔接时须做胀缝。
5. 缘石可选石材、混凝土等，尺寸可由设计定。

嵌草砖路面构造

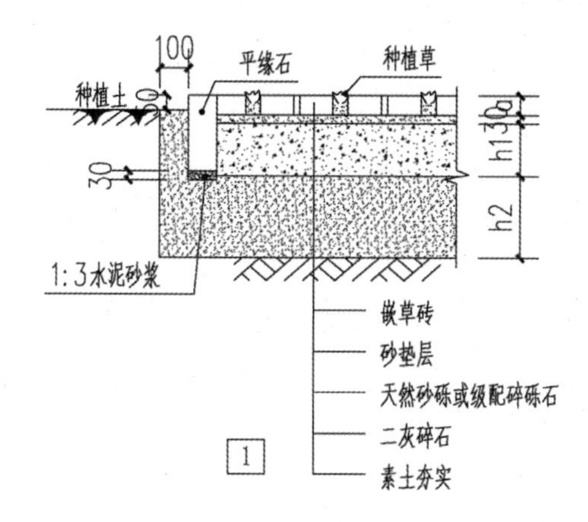

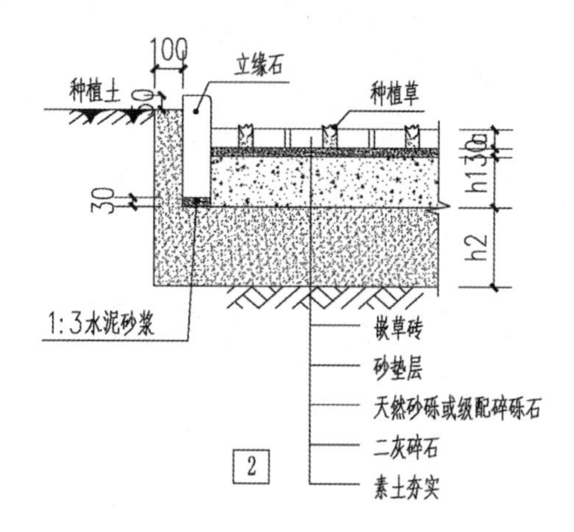

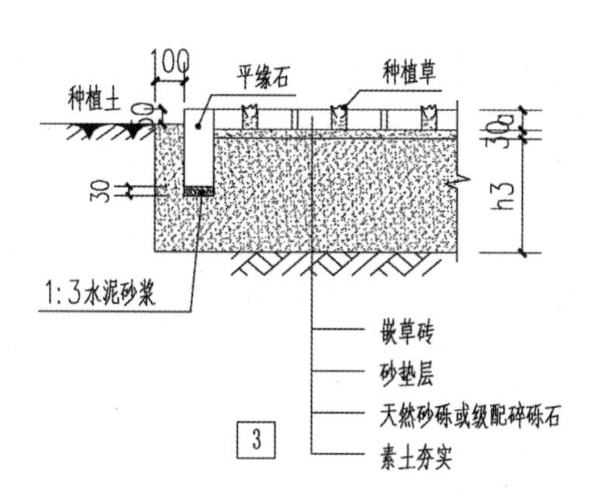

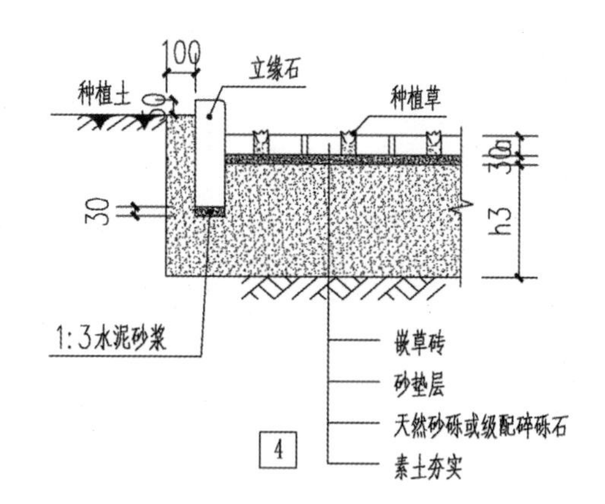

尺寸表　　单位mm

代号	承载			非承载		
	多年冻土	季节冻土	全年不冻土	多年冻土	季节冻土	全年不冻土
h1	150-200	150-200	150-200	100-150	100-150	100-150
h2	250-400	200-350	150-300	150-300	100-200	0
h3	300-500	300-450	250-400	250-350	200-300	150-200
h	80-150					
a	50-80					

说明：

1. 嵌草砖可采用水泥砖、非粘土砖、透气透水环保砖及塑料网格等，本图嵌草部分为示意，尺寸由设计定。
2. 缘石可选用石材、混凝土等，尺寸可由设计定。
3. ①②适用于非承载地段，③④适用于承载地段。

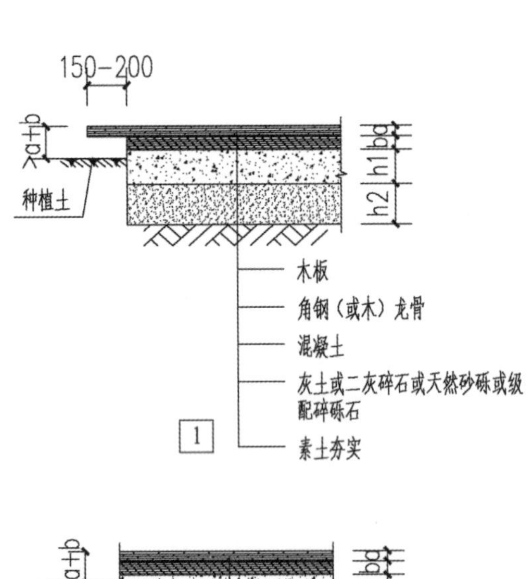

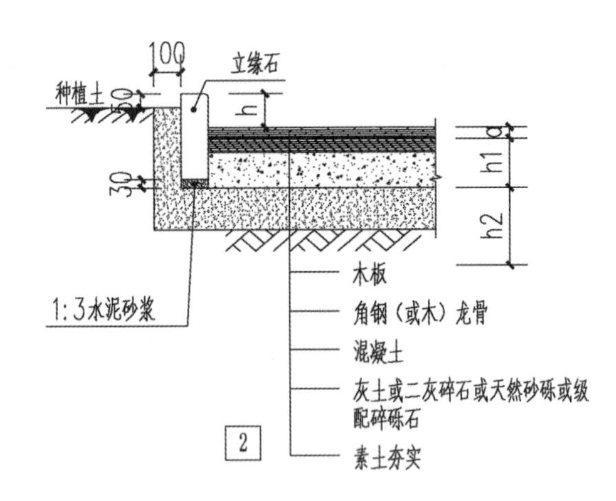

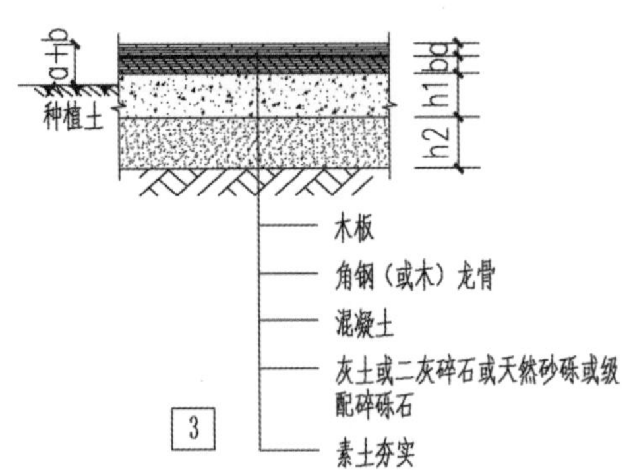

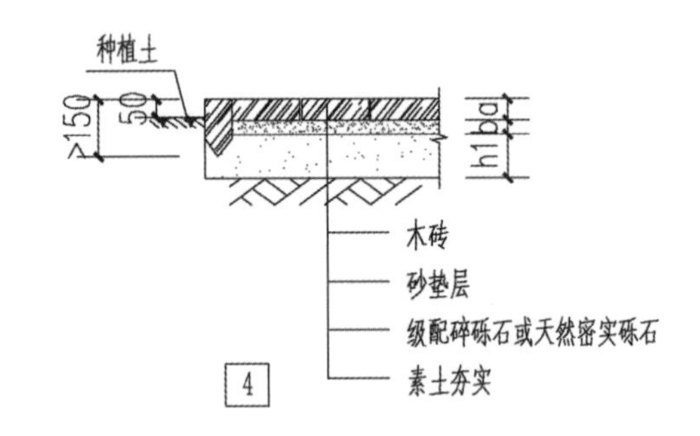

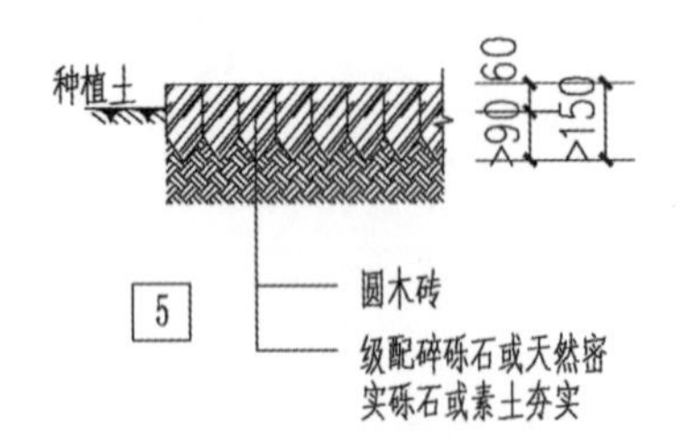

尺寸表　　单位mm

代号	非承载		
	多年冻土	季节冻土	全年不冻土
h1	100-150	100-150	100-150
h2	150-300	100-200	0
h	80-150		
a	15-60		
b	40-60		

说明：

1. 所用木材应经过防腐、防水、防虫处理。
2. 角钢应经过防锈处理。
3. 角钢龙骨所用角钢型号及木龙骨尺寸由设计定，间距 0.5-1.0m，龙骨可用螺栓或砂浆固定，木板和龙骨可用胶或木螺栓固定。
4. 路宽 B < 5m，混凝土沿路纵向每隔 4m 分块做缩缝；当路宽 > 5m 时，沿路中心线做纵缝，沿道路纵向每隔 4m 分块做缩缝；广场按 4m x 4m 分块做缝。
5. 混凝土纵向长约 20m 左右或与不同构筑物衔接时须做胀缝。

混凝土路面构造

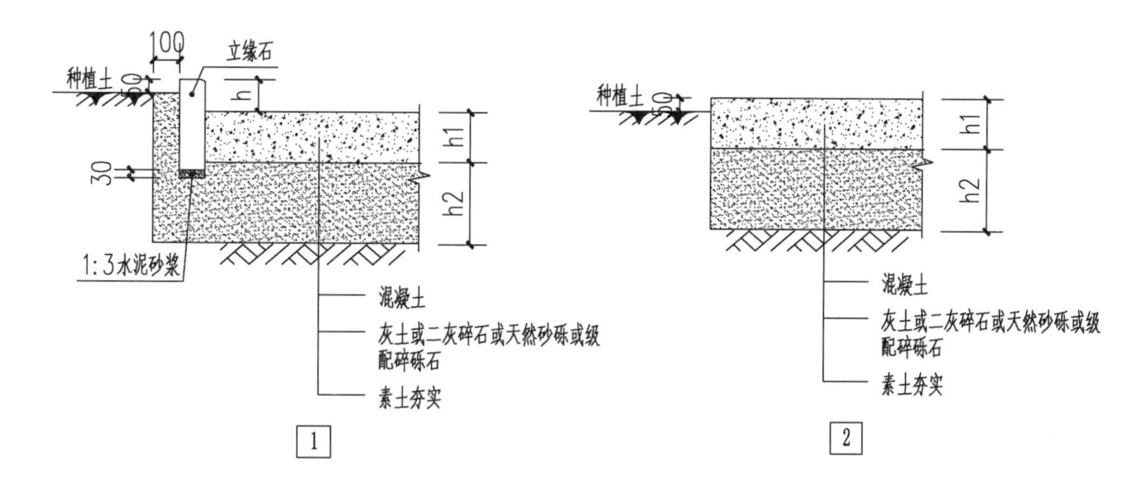

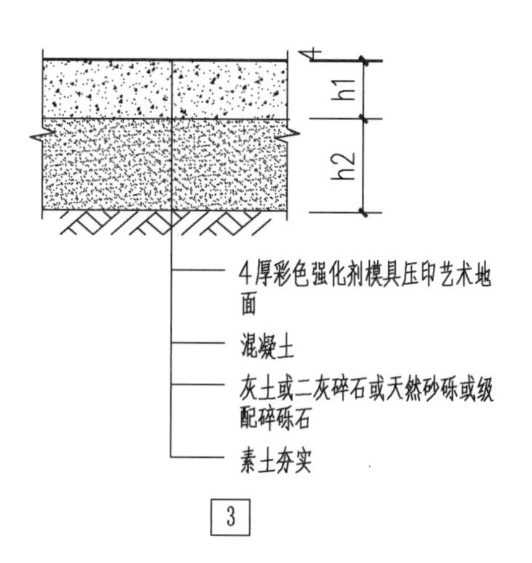

尺寸表　　单位mm

代号	承载			非承载		
	多年冻土	季节冻土	全年不冻土	多年冻土	季节冻土	全年不冻土
h1	180-220	180-200	180-200	100-160	80-160	80-140
h2	200-500	200-400	200-300	200-300	100-200	0-150
h	80-150					

说明：

1. 承载道路混凝土标号不低于 C30, 非承载道路混凝土标号不低于 C20。
2. 路宽 B < 5m，混凝土沿路纵向每隔 4m 分块做缩缝；当路宽 > 5m 时，沿路中心线做纵缝，沿道路纵向每隔 4m 分块做缩缝；广场按 4m x 4m 分块做缝。
3. 混凝土纵向长约 20m 左右或与不同构筑物衔接时须做胀缝。
4. 缘石可选石材、混凝土等，尺寸可由设计定。

参考文献：

一、设计标准、规范

《总图制图标准》GBT50103-2010

《城市道路交通规划设计规范》GD50220-95

《城市道路和建筑物无障碍设计规范》JGJ50—2001

《公园设计规范》CJJ48—92

《风景园林图例图示标准》CJJ-67-95

《城市用地竖向规划规范》CJJ 83-99

《城市居住区规划设计规范》GB 50180-93（2002年版）

《民用建筑设计通则》GB50352-2005

《城市用地分类与规划建设用地标准》GBJ 137-90

《城市绿化工程施工及验收规范》CJJ/T82-99

《城市道路绿化规划与设计规范》CJJ 75—97

《种植屋面工程技术规程》JGJ155-2007

《种植屋面防水施工技术规程》DB11/366-2006（北京市地方标准）

二、设计图集

《环境景观——室外工程细部构造》03J012—1（国家建筑标准设计图集）

《环境景观绿化种植设计》03J012-2（国家建筑标准设计图集）

《屋面详图》08BJ5-1（华北标BJ系列图集）

《工程做法》08BJ1-1（华北标BJ系列图集）

三、文献

【1】 陈丙秋，张肖宁.道路铺装景观设计[M]. 北京：中国建筑工业出版社，2005

【2】 王斯密，吴晗译.最新顶级商业广场[M].大连：大连理工大学出版社，2001

【3】 黄世孟.地景设施[M].辽宁:辽宁科学技术出版社，2001

【4】 毛培林.园林铺地[M].北京:中国林业出版社，2003

【5】 刘智磊.公园及广场铺装设计研究一论铺装设计的意境营造[D]. 西安：西安建筑科技大学，2008

【6】 靳迪.城市综合体中商业步行街公共空间的可介入性研究[D]. 西安：西安建筑科技大学，2009

【7】 王炜民.硬质建材铺装的艺术观[J].新材料新装饰，2003年第03期

【8】 刘璐,崔豪情,浅谈商业步行街的细节设计[J].科技信息，2010

【9】 王波，高建明.城市硬化地面铺装呼唤生态回归[J].城市开发，2011

【10】郑章毅.地面铺装更具人性化若干要素[J].福建建筑,2004, (05) .

【11】[日]芦原义信，尹培桐译.外部空间设计.北京:中国建筑工业出版社，1985

【12】[美]诺曼·布思.风景园林设计要素.中国林业出版社，1989
【13】[英]盖奇,凡登堡著,张仲一译.城市硬质景观设计[M].中国建筑工业出版社，1985
【14】今井格等.道路和广场的地面铺装[M].章俊华，乌恩泽. 北京：中国建筑工业出版社，2002
【15】李雄飞等.国外城市中心商业区与步行街[M].天津:天津大学出版社，1990
【16】曾坚，陈岚，陈志宏.现代商业建筑的规划与设计[M].天津:天津大学出版，2002
【17】刘滨谊.城市道路景观规划设计[M].南京:东南大学出版社，2002
【18】王坷，夏健，杨新海.城市广场设计[M].上海:东南大学出版社，1999
【19】褚桐.商业广场景观可持续发展研究[D]. 南京：南京林业大学，2009
【20】丘光荣.城市街区式商业综合体外部空间研究[D]. 大连：大连理工大学，2011
【21】赵红梅.浅谈以人为本的城市广场设计[D]. 武汉大学 2005
【22】张晔.3–10岁儿童对居住区活动环境设施的需求.硕士学位论文集[D].上海同济大学建筑城规学院，2007.
【23】扬•盖尔著.交往与空间[M].北京：中国建筑工业出版社，2002
【24】拉特利奇.阿尔伯特.J.大众行为与公园[M].北京：中国建筑工业出版社，1990
【25】C.亚历山大，S.伊希卡娃著，王听度，周序鸿译.建筑模式语言【M】.北京：知识产权出版社，2002.
【26】吴燕璟，王鲁宁.100例成功老龄认知功能机相关因素的初步研究【J】.中国老年学杂志，2006（6）：8–10
【27】单中惠.西方现代儿童观发展初探【J】.清华大学教育研究，2003,24（4）.
【28】帕科 阿森西奥.世界幼儿园设计典例【M】.中国水利水电出版社，2003.
【29】陈会昌.青少年对家庭影响和同伴群体影响的接受性【J】.心理科学，1988.3
【30】清华大学美术学院装饰应用材料与信息研究所.材料悟语__装饰材料应用与表现力的挖掘【M】.北京：中国建筑工业出版社，2007
【31】里埃特.玛格丽丝，亚历山大.罗宾逊著；朱强，刘琴博，涂先明译.生命的系统:景观设计材料与技术创新【M】.大连：大连理工大学出版社，2008.11
【32】丁绍刚.风景•园林景观设计师手册.上海：上海科学技术出版社，2009.
【33】（美）丹尼斯等著,俞孔坚等译.景观设计师便携手册.北京：中国建筑工业出版社，2002.
【34】建设部住宅产业化促进中心.居住区环境景观设计导则.北京：中国建筑工业出版社，2009.
【35】国际绿色屋顶协会,健康绿色屋顶协会.最新国外屋顶绿化.武汉：华中科技大学出版社，2009.
【36】王劲韬.景观规划徒手表达.北京：中国建筑工业出版社，2012.
【37】住房和城乡建设部工程质量安全监察司，中国建筑标准设计研究院.规划、建筑、景观.北京：中国计划出版社，2010.
【38】（美）克莱尔等著,俞孔坚等译.人性场所（第二版）：城市开放空间设计导则.北京：中国建筑工业出版社，2001.
【39】冯采芹等编.中外园林绿地图集.北京：中国林业出版社，1998.
【40】（美）杰克著,曹娟等译.景观学.北京：中国林业出版社，2007.